GÉNÉRALISATION
DU
LOGARITHME
ET DE
L'EXPONENTIELLE,

PAR J. FARKAS.

—·—

BUDAPEST,
F. KILIÁN, LIBRAIRE
DE L'UNIVERSITÉ.
1879.

Budapest, 1879. Az Athenaeum r. társ. könyvnyomdája.

TABLE DES MATIÈRES.

I. Définitions.

II. Addition des intégrales.

III. Valeurs fondamentales de l'intégrale.

IV. Valeurs fondamentales des quatre fonctions.

V. Variations des quatre fonctions.

VI. Théorie générale de la transformation de l'intégrale.

VII. Exemples de la transformation.

VIII. Relations entre les quatre fonctions et les fonctions elliptiques.

IX. Développement de l'integrale en série algébrique.

X. Développement des quatre fonctions en séries entiéres.

XI. Expressions générales concernant les dérivées des trois fonctions $(x)_1$, $(x)_2$, $(x)_3$ et celles des fonctions elliptiques sin am x, cos am x, Δ am x.

XII. Les zéros et les infinis des quatre fonctions.

XIII. Développement des quatre fonctions en produits.

Généralisation

du logarithme et de l'exponentielle.

I. Définitions.

1. Tandis que pour $k=0$ l'intégrale elliptique de première espèce

(1) $$F(k, x) = \int_0^x \frac{dx}{\sqrt{1-x^2}\sqrt{1-k^2x^2}}$$

devient l'argument des fonctions circulaires, pour $k=1$ l'intégrale devient

(2) $$\frac{1}{2}\log\frac{1+x}{1-x}.$$

Ainsi l'intégrale elliptique de première espèce contient aussi la notion du logarithme. Il est vrai que dans l'expression (2) le logarithme est la fonction d'une fonction fractionnaire de la variable x, mais la substitution qui rend entière et linéaire cette fonction immédiate, est une simple substitution réelle du premier degré

(3) $$x = \frac{az+b-1}{az+b+1}.$$

L'intégrale (1) pourrait bien être regardée, non-seulement comme généralisation de l'argument des fonctions circulaires; mais aussi comme généralisation du logarithme, et les fonctions elliptiques pourraient bien être regardées, non seulement comme généralisations des fonctions circulaires; mais aussi comme généralisations de l'exponentielle.

Pourtant introduisons la substitution imaginaire et irrationnelle de deuxième degré

(4) $$x = -\sqrt{-1}\sqrt{\frac{1-y}{k}}.$$

En posant

(5) $$k = \mathrm{tang}^2\sigma$$

nous aurons

(6) $$\int_o^x \frac{dx}{\sqrt{1-x^2}\sqrt{1-k^2x^2}} = \sqrt{-1}\,\frac{\cos^2\sigma}{2}\int_1^y \frac{dy}{\sqrt{1-y}\sqrt{1-y\cos^2\sigma}\ \sqrt{1-y\sin^2\sigma}}.$$

Je remplace la limite inférieure de l'intégrale nouvelle par zéro, et c'est l'intégrale ainsi obtenue

(7) $$\int_o^y \frac{dy}{\sqrt{1-y}\sqrt{1-y\cos^2\sigma}\sqrt{1-y\sin^2\sigma}} = \varepsilon$$

que je considère comme généralisation du logarithme.

Non seulement il devient $-\log(1-y)$ pour $\sin\sigma = o$ ou bien pour $\cos\sigma = o$, mais les fonctions

$$\sqrt{1-y},\ \sqrt{1-y\cos^2\sigma},\ \sqrt{1-y\sin^2\sigma};\ y = \mathrm{f}(\varepsilon)$$

et les fonctions elliptiques ont des relations analogues à celles qui subsistent entre l'exponentielle et les fonctions circulaires. J'écrie

$$(8) \qquad \begin{cases} y = (\sigma, \varepsilon)_0 , \\ \sqrt{1-y} = (\sigma, \varepsilon)_1 , \\ \sqrt{1-y\cos^2\sigma} = (\sigma, \varepsilon)_2 , \\ \sqrt{1-y\sin^2\sigma} = (\sigma, \varepsilon)_3 \end{cases}$$

auxquels j'attache les valeurs initiales

$$(9) \qquad (\sigma, o)_1 = (\sigma, o)_2 = (\sigma, o)_3 = 1.$$

En particulier au lieu de

$$(\alpha, \varepsilon)_0 , (\alpha, \varepsilon)_1 , (\alpha, \varepsilon)_2 , (\alpha, \varepsilon)_3$$

j'écrie

$$(\varepsilon)_0 , (\varepsilon)_1 , (\varepsilon)_2 , (\varepsilon)_3 .$$

II. Addition des intégrales.

2. Les expressions qui servent à l'addition des arguments dans les fonctions elliptiques, sont restreintes à une limite inférieure égale à zéro. Par conséquent ces expressions ne sont pas valables par rapport à l'intégrale 1, (7). Pour obtenir des formules convenables, nous étendrons d'abord les formules relatives aux intégrales elliptiques, au cas d'une limite inférieure arbitraire.

En conséquence des deux relations identiques

$$(1) \qquad \int_a^p \frac{dx}{\sqrt{1-x^2}\sqrt{1-k^2x^2}} + \int_a^q \frac{dx}{\sqrt{1-x^2}\sqrt{1-k^2x^2}} = \int_a^b \frac{dx}{\sqrt{1-x^2}\sqrt{1-k^2x^2}},$$

$$F(k,p) + F(k,q) = F(k,a) + F(k,b), \tag{2}$$

la proposition se reduit à celle, de déduire des expressions relatives à la somme de deux intégrales, les expressions relatives aux quatre intégrales dont la somme de deux est égale à la somme des deux autres.

Écrivons pour un moment

$$\left\{\begin{array}{l} \sin \operatorname{am} u = u_1, \\ \cos \operatorname{am} u = u_2, \\ \Delta \operatorname{am} u = u_3. \end{array}\right. \tag{3}$$

En posant

$$u = \varphi + \psi = \delta + \tau \tag{4}$$

nous aurons (*)

$$\left\{\begin{array}{l} \varphi_2 \ \psi_2 = u_2 + u_3 \ \varphi_1 \ \psi_1, \\ \delta_2 \ \tau_2 = u_2 + u_3 \ \delta_1 \ \tau_1, \end{array}\right. \tag{5}$$

$$\left\{\begin{array}{l} u_3 \ \varphi_2 \ \psi_2 - u_2 \ \varphi_3 \ \psi_3 = (1-k^2) \ \varphi_1 \ \psi_1, \\ (1-k^2) \ \delta_1 \ \tau_1 = u_3 \ \delta_2 \ \tau_2 - u_2 \ \delta_3 \ \tau_3. \end{array}\right. \tag{6}$$

La multiplication des équations (6) nous donne

$$u_2 \ (\delta_1 \ \tau_1 \ \varphi_3 \ \psi_3 - \delta_3 \ \tau_3 \ \varphi_1 \ \psi_1) = u_3 \ (\delta_1 \ \tau_1 \ \varphi_2 \ \psi_2 - \delta_2 \ \tau_2 \ \varphi_1 \ \psi_1).$$

(*) MM. Briot et Bouquet »Théorie des fonctions elliptiques«.

Or en vertu de (5) on a

$$u_2 = \frac{\delta_1 \ \tau_1 \ \varphi_2 \ \psi_2 - \delta_2 \ \tau_2 \ \varphi_1 \ \psi_1}{\delta_1 \ \tau_1 - \varphi_1 \ \psi_1},$$

$$u_3 = \frac{\delta_2 \ \tau_2 - \varphi_2 \ \psi_2}{\delta_1 \ \tau_1 - \varphi_1 \ \psi_1}.$$

Ainsi

(7) $$\delta_1 \ \tau_1 \ \varphi_3 \ \psi_3 - \delta_3 \ \tau_3 \ \varphi_1 \ \psi_1 = \delta_2 \ \tau_2 - \varphi_2 \ \psi_2.$$

Posons

(8) $$\begin{cases} \displaystyle\int_0^1 \frac{du}{\sqrt{1-u^2}\sqrt{1-k^2u^2}} = \omega, \\ \displaystyle\int_1^{\frac{1}{k}} \frac{du}{\sqrt{1-u^2}\sqrt{1-k^2u^2}} = \omega'. \end{cases}$$

1'. Au moyen des identités

$$\varphi + (\psi + \omega) = \delta + (\tau + \omega),$$

$$\varphi + (\psi + \omega') = \delta + (\tau + \omega'),$$

$$\varphi + (\psi + \omega + \omega') = \delta + (\tau + \omega + \omega')$$

de l'équation (7) nous obtenons

(9) $$\delta_1 \ \tau_2 \ \varphi_3 + \delta_2 \ \tau_1 \ \psi_3 = \delta_3 \ \varphi_1 \ \psi_2 + \tau_3 \ \varphi_2 \ \psi_1,$$

(10) $$\delta_3 \ \tau_2 \ \varphi_1 + \delta_2 \ \tau_3 \ \psi_1 = \delta_1 \ \varphi_3 \ \psi_2 + \tau_1 \ \varphi_2 \ \psi_3,$$

(11) $$\delta_3 \ \tau_1 \ \varphi_1 \ \psi_3 - \delta_1 \ \tau_3 \ \varphi_3 \ \psi_1 = \delta_2 \ \psi_2 - \tau_2 \ \varphi_2.$$

2^1. Par l'identité

$$(\varphi+\omega)+(\psi-\omega)=\varphi+\psi$$

des équations (7), (10), (11) on déduit

$$(12) \qquad (1-k^2)(\delta_1 \tau_1 - \varphi_1 \psi_1) = \delta_2 \tau_2 \varphi_3 \psi_3 - \delta_3 \tau_3 \varphi_2 \psi_2,$$

$$(13) \qquad (1-k^2)(\delta_1 \psi_1 - \tau_1 \varphi_1) = \delta_3 \tau_2 \varphi_2 \psi_3 - \delta_2 \tau_3 \varphi_3 \psi_2,$$

$$(14) \qquad \delta_1 \tau_3 \psi_2 + \delta_3 \tau_1 \varphi_2 = \delta_2 \varphi_3 \psi_1 + \tau_2 \varphi_1 \psi_3.$$

3^1. Les équations (7), (9), (12) à l'aide de l'identité

$$(\varphi+\omega+\omega')+(\psi-\omega-\omega')=\varphi+\psi$$

nous fournient

$$(15) \qquad k^2(1-k^2)\delta_1 \tau_1 \varphi_1 \psi_1 - k^2 \delta_2 \tau_2 \varphi_2 \psi_2 + \delta_3 \tau_3 \varphi_3 \psi_3 = 1-k^2,$$

$$(16) \qquad k^2(\delta_2 \tau_1 \varphi_2 \psi_1 - \delta_1 \tau_2 \varphi_1 \psi_2) = \delta_3 \varphi_3 - \tau_3 \psi_3,$$

$$(17) \qquad k^2(\delta_1 \tau_1 \varphi_2 \psi_2 - \delta_2 \tau_2 \varphi_1 \psi_1) = \delta_3 \tau_3 - \varphi_3 \psi_3.$$

Évidemment φ et ψ ou δ et τ peuvent être confondus. Mais les expressions naissantes par la permutation des lettres δ et τ, ne diffèrent pas de celles qui résultent de la permutation des lettres φ et ψ. Puis la permutation des lettres φ et ψ est indifférente aux formules (7), (12), (15) et (17). Alors nous avons seize formules distinctes relatives à l'addition (1).

Conformément à la substitution 1, (5) et 1, (4) posons $k=\text{tang}^2\alpha$ et

$$(18) \qquad \begin{cases} \varphi_1 = -\sqrt{-1}\,(x)_1 \cot \alpha, \\ \psi_1 = -\sqrt{-1}\,(y)_1 \cot \alpha, \\ \delta_1 = -\sqrt{-1}\,(s)_1 \cot \upsilon, \\ \tau_1 = -\sqrt{-1}\,(z)_1 \cot \alpha, \end{cases}$$

nous aurons

$$(19)\qquad \left[\begin{array}{ll} \varphi_2 = (x)_2 \text{ cosec } \alpha, & \varphi_3 = (x)_3 \text{ sec } \alpha, \\ \psi_2 = (y)_2 \text{ cosec } \alpha, & \psi_3 = (y)_3 \text{ sec } \alpha, \\ \delta_2 = (s)_2 \text{ cosec } \alpha, & \delta_3 = (s)_3 \text{ sec } \alpha, \\ \tau_2 = (z)_2 \text{ cosec } \alpha, & \tau_3 = (z)_3 \text{ sec } \alpha. \end{array}\right.$$

Par conséquent si

$$\int_{(s)_0}^{(x)_0} \frac{d(x)_0}{(x)_1 (x)_2 (x)_3} + \int_{(s)_0}^{(y)_0} \frac{d(y)_0}{(y)_1 (y)_2 (y)_3} = \int_{(s)_0}^{(z)_0} \frac{d(z)_0}{(z)_1 (z)_2 (z)_3},$$

les fonctions

$$\begin{array}{l} (s)_1,\ (s)_2,\ (s)_3, \\ (z)_1,\ (z)_2,\ (z)_3, \\ (x)_1,\ (x)_2,\ (x)_3, \\ (y)_1,\ (y)_2,\ (y)_3 \end{array}$$

sont liées entre elles par les relations suivantes:

$$(20)\qquad \left\{\begin{array}{l} (s)_3 (z)_3 (x)_1 (y)_1 - (s)_1 (z)_1 (x)_3 (y)_3 = (s)_2 (z)_2 - (x)_2 (y)_2, \\ (s)_1 (z)_3 (x)_3 (y)_1 - (s)_3 (z)_1 (x)_1 (y)_3 = (s)_2 (y)_2 - (z)_2 (x)_2, \\ (s)_1 (z)_3 (x)_1 (y)_3 - (s)_3 (z)_1 (x)_3 (y)_1 = (s)_2 (x)_2 - (z)_2 (y)_2, \end{array}\right.$$

$$(21)\qquad \left\{\begin{array}{l} (s)_2 (z)_2 (x)_3 (y)_3 - (s)_3 (z)_3 (x)_2 (y)_2 = \cos 2\alpha \{(x)_1 (y)_1 - (s)_1 (z)_1\}, \\ (s)_3 (z)_2 (x)_2 (y)_3 - (s)_2 (z)_3 (x)_3 (y)_2 = \cos 2\alpha \{(z)_1 (x)_1 - (s)_1 (y)_1\}, \\ (s)_3 (z)_1 (x)_3 (y)_2 - (s)_2 (z)_3 (x)_2 (y)_3 = \cos 2\alpha \{(z)_1 (y)_1 - (s)_1 (x)_1\}, \end{array}\right.$$

$$
(22)\quad \begin{cases}
(s)_2\,(z)_2\,(x)_1\,(y)_1 - (s)_1\,(z)_1\,(x)_2\,(y)_2 = (s)_3\,(z)_3 - (x)_3\,(y)_3\,, \\
(s)_1\,(z)_2\,(x)_1\,(y)_2 - (s)_2\,(z)_1\,(x)_2\,(y)_1 = (s)_3\,(x)_3 - (z)_3\,(y)_3\,, \\
(s)_1\,(z)_2\,(x)_2\,(y)_1 - (s)_2\,(z)_1\,(x)_1\,(y)_2 = (s)_3\,(y)_3 - (z)_3\,(x)_3\,,
\end{cases}
$$

$$
(23)\quad \begin{cases}
(s)_1\,(z)_2\,(x)_3 + (s)_2\,(z)_1\,(y)_3 = (s)_3\,(x)_1\,(y)_2 + (z)_3\,(x)_2\,(y)_1\,, \\
(s)_1\,(z)_3\,(x)_2 + (s)_3\,(z)_1\,(y)_2 = (s)_2\,(x)_1\,(y)_3 + (z)_2\,(x)_3\,(y)_1\,, \\
(s)_3\,(z)_2\,(x)_1 + (s)_2\,(z)_3\,(y)_1 = (s)_1\,(x)_3\,(y)_2 + (z)_1\,(x)_2\,(y)_3\,, \\
(s)_1\,(z)_2\,(y)_3 + (s)_2\,(z)_1\,(x)_3 = (s)_3\,(x)_2\,(y)_1 + (z)_3\,(x)_1\,(y)_2\,, \\
(s)_1\,(z)_3\,(y)_2 + (s)_3\,(z)_1\,(x)_2 = (s)_2\,(x)_3\,(y)_1 + (z)_2\,(x)_1\,(y)_3\,, \\
(s)_3\,(z)_2\,(y)_1 + (s)_2\,(z)_3\,(x)_1 = (s)_1\,(x)_2\,(y)_3 + (z)_1\,(x)_3\,(y)_2\,,
\end{cases}
$$

$$
(24)\quad \cos 2\alpha\,(s)_1\,(z)_1\,(x)_1\,(y)_1 - (s)_2\,(z)_2\,(x)_2\,(y)_2 + (s)_3\,(z)_3\,(x)_3\,(y)_3 = \cos 2\alpha.
$$

Comme [1, (9)]

$$
(0)_1 = (0)_2 = (0)_3 = 1,
$$

pour $s=0$ ces relations deviennent

$$
\begin{array}{ll}
0_1 & (x+y)_1\,(x)_3\,(y)_3 + (x+y)_2 - (x+y)_3\,(x)_1\,(y)_1 = (x)_2\,(y)_2\,, \\
0_2 & -(x+y)_1\,(x)_1\,(y)_3 + (x+y)_2\,(x)_2 + (x+y)_3\,(x)_3\,(y)_1 = (y)_2\,, \\
0_3 & -(x+y)_1\,(x)_3\,(y)_1 + (x+y)_2\,(y)_2 + (x+y)_3\,(x)_1\,(y)_3 = (x)_2\,, \\
0_4 & (x+y)_1 \cos 2\alpha - (x+y)_2\,(x)_3\,(y)_3 - (x+y)_3\,(x)_2\,(y)_2 = (x)_1\,(y)_1 \cos 2\alpha\,, \\
0_5 & (x+y)_1\,(x)_1 \cos 2\alpha - (x+y)_2\,(x)_2\,(y)_3 + (x+y)_3\,(x)_3\,(y)_2 = (y)_1 \cos 2\alpha\,, \\
0_6 & (x+y)_1\,(y)_1 \cos 2\alpha - (x+y)_2\,(x)_3\,(y)_2 + (x+y)_3\,(x)_2\,(y)_3 = (x)_1 \cos 2\alpha\,,
\end{array}
$$

$$
\begin{array}{lrcl}
O_7 & (x+y)_1\,(x)_2\,(y)_2 - (x+y)_2\,(x)_1\,(y)_1 + (x+y)_3 & = & (x)_3\,(y)_3\,, \\
O_8 & -(x+y)_1\,(x)_1\,(y)_2 + (x+y)_2\,(x)_2\,(y)_1 + (x+y)_3\,(x)_3 & = & (y)_3\,, \\
O_9 & -(x+y)_1\,(x)_2\,(y)_1 + (x+y)_2\,(x)_1\,(y)_2 + (x+y)_3\,(y)_3 & = & (x)_3\,, \\
O_{10} & (x+y)_1\,(y)_3 + (x+y)_2\,(x)_3 - (x+y)_3\,(x)_2\,(y)_1 & = & (x)_1\,(y)_2\,, \\
O_{11} & (x+y)_1\,(y)_2 - (x+y)_2\,(x)_3\,(y)_1 + (x+y)_3\,(x)_2 & = & (x)_1\,(y)_3\,, \\
O_{12} & -(x+y)_1\,(x)_2\,(y)_3 + (x+y)_2\,(x)_1 + (x+y)_3\,(y)_1 & = & (x)_3\,(y)_2\,, \\
O_{13} & (x+y)_1\,(x)_3 + (x+y)_2\,(y)_3 - (x+y)_3\,(x)_1\,(y)_2 & = & (x)_2\,(y)_1\,, \\
O_{14} & (x+y)_1\,(x)_2 - (x+y)_2\,(x)_1\,(y)_3 + (x+y)_3\,(y)_2 & = & (x)_3\,(y)_1\,, \\
O_{15} & -(x+y)_1\,(x)_3\,(y)_2 + (x+y)_2\,(y)_1 + (x+y)_3\,(x)_1 & = & (x)_2\,(y)_3\,, \\
O_{16} & (x+y)_1\,(x)_1\,(y)_1 \cos 2\alpha - (x+y)_2\,(x)_2\,(y)_2 + (x+y)_3\,(x)_3\,(y)_3 & = & \cos 2\alpha.
\end{array}
$$

3. Parmi les 560 combinaisons de ces équations, ayant pour but d'exprimer les fonctions de $x+y$ par les fonctions de x et y, les 48 suivantes sont inutiles

$$
\begin{array}{llll}
O_1\,O_2\,O_{10}, & O_1\,O_2\,O_{12}, & O_1\,O_{10}\,O_{12}, & O_2\,O_{10}\,O_{12}, \\
O_1\,O_3\,O_{13}, & O_1\,O_3\,O_{15}, & O_1\,O_{13}\,O_{15}, & O_3\,O_{13}\,O_{15}, \\
O_2\,O_5\,O_8, & O_2\,O_5\,O_{16}, & O_2\,O_8\,O_{16}, & O_5\,O_8\,O_{16}, \\
O_3\,O_6\,O_9; & O_3\,O_6\,O_{16}, & O_3\,O_9\,O_{16}, & O_6\,O_9\,O_{16}, \\
O_4\,O_5\,O_{13}, & O_4\,O_5\,O_{14}. & O_4\,O_{13}\,O_{14}, & O_5\,O_{13}\,O_{14}, \\
O_4\,O_6\,O_{10}, & O_4\,O_6\,O_{11}, & O_4\,O_{10}\,O_{11}, & O_6\,O_{10}\,O_{11}, \\
O_7\,O_8\,O_{11}, & O_7\,O_8\,O_{15}, & O_7\,O_{11}\,O_{15}, & O_8\,O_{11}\,O_{15}, \\
O_7\,O_9\,O_{12}, & O_7\,O_9\,O_{14}, & O_7\,O_{12}\,O_{14}, & O_9\,O_{12}\,O_{14},
\end{array}
$$

$$
\begin{array}{llll}
O_1\,O_4\,O_7, & O_1\,O_4\,O_{16}, & O_1\,O_7\,O_{16}, & O_4\,O_7\,O_{16}, \\
O_2\,O_3\,O_{11}, & O_2\,O_3\,O_{14}, & O_2\,O_{11}\,O_{14}, & O_3\,O_{11}\,O_{14}, \\
O_5\,O_6\,O_{12}, & O_5\,O_6\,O_{15}, & O_5\,O_{12}\,O_{15}, & O_6\,O_{12}\,O_{15}, \\
O_8\,O_9\,O_{10}, & O_8\,O_9\,O_{13}, & O_8\,O_{10}\,O_{13}, & O_9\,O_{10}\,O_{13}.
\end{array}
$$

C'est à dire, les déterminants des numérateurs et des dénominateurs tirés de ces combinaisons sont égaux à zéro.

Parmi les autres 512 combinaisons nous considérons les suivantes

$$
(1)\qquad \left\{ \begin{array}{llll} O_1\,O_8\,O_{13}, & O_1\,O_9\,O_{10}, & O_2\,O_7\,O_{14}, & O_3\,O_7\,O_{11}, \\ & O_2\,O_9\,O_{12}, & O_3\,O_8\,O_{15} & \end{array} \right.
$$

dont l'une et l'autre nous fournit

$$
(2)\qquad \left\{ \begin{aligned}
(x+y)_1 &= \frac{(x)_0\,(y)_0\,(x)_1\,(y)_1 \sin^2\alpha \cos^2\alpha - \{(x)_2\,(x)_3 - (x)_1\}\,\{(y)_2\,(y)_3 - (y)_1\}}{(x)_0\,(y)_0 \sin^2\alpha \cos^2\alpha - (x)_1\,(y)_1\,\{(x)_2\,(x)_3 - (x)_1\}\,\{(y)_2\,(y)_3 - (y)_1\}}, \\
(x+y)_2 &= \frac{(x)_0\,(y)_0\,(x)_2\,(y)_2 \sin^2\alpha \cos^2\alpha + (x)_3\,(y)_3\,\{(x)_2\,(x)_3 - (x)_1\}\,\{(y)_2\,(y)_3 - (y)_1\}}{(x)_0\,(y)_0 \sin^2\alpha \cos^2\alpha - (x)_1\,(y)_1\,\{(x)_2\,(x)_3 - (x)_1\}\,\{(y)_2\,(y)_3 - (y)_1\}}, \\
(x+y)_3 &= \frac{(x)_0\,(y)_0\,(x)_3\,(y)_3 \sin^2\alpha \cos^2\alpha + (x)_2\,(y)_2\,\{(x)_2\,(x)_3 - (x)_1\}\,\{(y)_2\,(y)_3 - (y)_1\}}{(x)_0\,(y)_0 \sin^2\alpha \cos^2\alpha - (x)_1\,(y)_1\,\{(x)_2\,(x)_3 - (x)_1\}\,\{(y)_2\,(y)_3 - (y)_1\}},
\end{aligned} \right.
$$

et en vertu de l'identité

$$
(3)\qquad \{(u)_2\,(u)_3 + (u)_1\}\,\{(u)_2\,(u)_3 - (u)_1\} = (u)_0{}^2 \sin^2\alpha \cos^2\alpha
$$

ces formules peuvent s'écrire aussi à la manière suivante:

$$
(4)\left\{\begin{aligned}
(x+y)_1 &= \frac{(x)_1\,(y)_1\,\{(x)_2\,(x)_3+(x)_1\}\,\{(y)_2\,(y)_3+(y)_1\}-(x)_0\,(y)_0\sin^2\alpha\cos^2\alpha}{\{(x)_2\,(x)_3+(x)_1\}\,\{(y)_2\,(y)_3+(y)_1\}-(x)_0\,(y)_0\,(x)_1\,(y)_1\sin^2\alpha\cos^2\alpha},\\
(x+y)_2 &= \frac{(x)_2\,(y)_2\,\{(x)_2\,(x)_3+(x)_1\}\,\{(y)_2\,(y)_3+(y)_1\}+(x)_0\,(y)_0\,(x)_3\,(y)_3\sin^2\alpha\cos^2\alpha}{\{(x)_2\,(x)_3+(x)_1\}\,\{(y)_2\,(y)_3+(y)_1\}-(x)_0\,(y)_0\,(x)_1\,(y)_1\sin^2\alpha\cos^2\alpha},\\
(x+y)_3 &= \frac{(x)_3\,(y)_3\,\{(x)_2\,(x)_3+(x)_1\}\,\{(y)_2\,(y)_3+(y)_1\}+(x)_0\,(y)_0\,(x)_2\,(y)_2\sin^2\alpha\cos^2\alpha}{\{(x)_2\,(x)_3+(x)_1\}\,\{(y)_2\,(y)_3+(y)_1\}-(x)_0\,(y)_0\,(x)_1\,(y)_1\sin^2\alpha\cos^2\alpha},
\end{aligned}\right.
$$

de même

$$
(5)\left\{\begin{aligned}
(x+y)_1 &= \frac{(x)_1\,(y)_1\sqrt{\{(x)_2\,(x)_3+(x)_1\}\,\{(y)_2\,(y)_3+(y)_1\}}-\sqrt{\{(x)_2\,(x)_3-(x)_1\}\,\{(y)_2\,(y)_3-(y)_1\}}}{\sqrt{\{(x)_2\,(x)_3+(x)_1\}\,\{(y)_2\,(y)_3+(y)_1\}}-(x)_1\,(y)_1\sqrt{\{(x)_2\,(x)_3-(x)_1\}\,\{(y)_2\,(y)_3-(y)_1\}}},\\
(x+y)_2 &= \frac{(x)_2\,(y)_2\sqrt{\{(x)_2(x)_3+(x)_1\}\{(y)_2(y)_3+(y)_1\}}+(x)_3\,(y)_3\sqrt{\{(x)_2(x)_3-(x)_1\}\{(y)_2(y)_3-(y)_1\}}}{\sqrt{\{(x)_2(x)_3+(x)_1\}\{(y)_2(y)_3+(y)_1\}}-(x)_1\,(y)_1\sqrt{\{(x)_2(x)_3-(x)_1\}\,\{(y)_2(y)_3-(y)_1\}}},\\
(x+y)_3 &= \frac{(x)_3\,(y)_3\sqrt{\{(x)_2(x)_3+(x)_1\}\,\{(y)_2(y)_3+(y)_1\}}+(x)_2\,(y)_2\sqrt{\{(x)_2(x)_3-(x)_1\}\{(y)_2(y)_3-(y)_1\}}}{\sqrt{\{(x)_2(x)_3+(x)_1\}\{(y)_2(y)_3+(y)_1\}}-(x)_1\,(y)_1\sqrt{\{(x)_2(x)_3-(x)_1\}\,\{(y)_2(y)_3-(y)_1\}}}.
\end{aligned}\right.
$$

Des combinaisons

$$
(6)\qquad \left\{\begin{array}{ll}
O_1\;O_5\;O_{10}, & O_1\;O_9\;O_{13},\\
O_2\;O_8\;O_{12}, & O_5\;O_9\;O_{15}
\end{array}\right.
$$

suivent des formules analogues aux résultats (2). Voilà ces formules:

$$(7)\quad \begin{cases} (x+y)_1 = \dfrac{(x)_0\,(y)_0\,(x)_2\,(y)_2 \sin^2\alpha - \{(x)_2 - (x)_1\,(x)_3\}\,\{(y)_2 - (y)_1\,(y)_3\}}{(x)_0\,(y)_0\,(x)_3\,(y)_3 \sin^2\alpha - (x)_1\,(y)_1\,\{(x)_2 - (x)_1\,(x)_3\}\,\{(y)_2 - (y)_1\,(y)_3\}}, \\ (x+y)_2 = \dfrac{(x)_0\,(y)_0\,(x)_1\,(y)_1 \sin^2\alpha \cos 2\alpha + (x)_3\,(y)_3\,\{(x)_2 - (x)_1\,(x)_3\}\,\{(y)_2 - (y)_1\,(y)_3\}}{(x)_0\,(y)_0\,(x)_3\,(y)_3 \sin^2\alpha - (x)_1\,(y)_1\,\{(x)_2 - (x)_1\,(x)_3\}\,\{(y)_2 - (y)_1\,(y)_3\}}, \\ (x+y)_3 = \dfrac{(x)_0\,(y)_0 \sin^2\alpha \cos 2\alpha + (x)_2\,(y)_2\,\{(x)_2 - (x)_1\,(x)_3\}\,\{(y)_2 - (y)_1\,(y)_3\}}{(x)_0\,(y)_0\,(x)_3\,(y)_3 \sin^2\alpha - (x)_1\,(y)_1\,\{(x)_2 - (x)_1\,(x)_3\}\,\{(y)_2 - (y)_1\,(y)_3\}}; \end{cases}$$

où la permutation de $\sin\alpha$ et $\cos\alpha$ équivaut évidemment à l'emploi des combinaisons

$$(8)\quad \begin{cases} O_2\,O_7\,O_{11}, \quad O_3\,O_7\,O_{14}, \\ O_2\,O_8\,O_{15}, \quad O_3\,O_9\,O_{12}, \end{cases}$$

et nous avons encore

$$(9)\quad \begin{cases} (x+y)_1 = \dfrac{(x)_0\,(y)_0\,(x)_3\,(y)_3 \cos^2\alpha - \{(x)_3 - (x)_1\,(x)_2\}\,\{(y)_3 - (y)_1\,(y)_2\}}{(x)_0\,(y)_0\,(x)_2\,(y)_2 \cos^2\alpha - (x)_1\,(y)_1\,\{(x)_3 - (x)_1\,(x)_2\}\,\{(y)_3 - (y)_1\,(y)_2\}}, \\ (x+y)_2 = \dfrac{-(x)_0\,(y)_0 \cos^2\alpha \cos 2\alpha + (x)_3\,(y)_3\,\{(x)_3 - (x)_1\,(x)_2\}\,\{(y)_3 - (y)_1\,(y)_2\}}{(x)_0\,(y)_0\,(x)_2\,(y)_2 \cos^2\alpha - (x)_1\,(y)_1\,\{(x)_3 - (x)_1\,(x)_2\}\,\{(y)_3 - (y)_1\,(y)_2\}}, \\ (x+y)_3 = \dfrac{-(x)_0\,(y)_0\,(x)_1\,(y)_1 \cos^2\alpha \cos 2\alpha + (x)_2\,(y)_2\,\{(x)_3 - (x)_1\,(x)_2\}\,\{(y)_3 - (y)_1\,(y)_2\}}{(x)_0\,(y)_0\,(x)_2\,(y)_2 \cos^2\alpha - (x)_1\,(y)_1\,\{(x)_3 - (x)_1\,(x)_2\}\,\{(y)_3 - (y)_1\,(y)_2\}}. \end{cases}$$

Ces expressions peuvent être transformées avantageusement moyennant les identités

$$(10)\quad \begin{cases} \{(u)_2 - (u)_1\,(u)_3\}\,\{(u)_2\,(u)_3 + (u)_1\} = \{(u)_3 + (u)_1\,(u)_2\}\,(u)_0 \sin^2\alpha, \\ \{(u)_3 - (u)_1\,(u)_2\}\,\{(u)_2\,(u)_3 + (u)_1\} = \{(u)_2 + (u)_1\,(u)_3\}\,(u)_0 \cos^2\alpha. \end{cases}$$

Cependant les combinaisons

(11) $$O_{10}\ O_{11}\ O_{12} \quad \text{ou} \quad O_{13}\ O_{14}\ O_{15}$$

nous donnent

$$(12)\quad \begin{cases} (x+y)_1 = \dfrac{(x)_1\,(y)_1\,\{(x)_3+(x)_1\,(x)_2\}\,\{(y)_3+(y)_1\,(y)_2\} - (x)_0\,(y)_0\,(x)_2\,(y)_2\cos^2\alpha}{\{(x)_3+(x)_1\,(x)_2\}\,\{(y)_3+(y)_1\,(y)_2\} - (x)_0\,(y)_0\,(x)_3\,(y)_3\cos^2\alpha}, \\ (x+y)_2 = \dfrac{(x)_2\,(y)_2\,\{(x)_3+(x)_1\,(x)_2\}\,\{(y)_3+(y)_1\,(y)_2\} - (x)_0\,(y)_0\,(x)_3\,(y)_3\cos^2\alpha\cos 2\alpha}{\{(x)_3+(x)_1\,(x)_2\}\,\{(y)_3+(y)_1\,(y)_2\} - (x)_0\,(y)_0\,(x)_3\,(y)_3\cos^2\alpha}, \\ (x+y)_3 = \dfrac{(x)_3\,(y)_3\,\{(x)_3+(x)_1\,(x)_2\}\,\{(y)_3+(y)_1\,(y)_2\} - (x)_0\,(y)_0\cos^2\alpha\cos 2a}{\{(x)_3+(x)_1\,(x)_2\}\,\{(y)_3+(y)_1\,(y)_2\} - (x)_0\,(y)_0\,(x)_3\,(y)_3\cos^2\alpha} \end{cases}$$

et des combinaisons

(13) $$O_{10}\ O_{11}\ O_{15} \quad \text{ou} \quad O_{12}\ O_{13}\ O_{14}$$

ou par la permutation de $\sin\alpha$ et $\cos\alpha$ dans les formules (12) on déduit

$$(14)\quad \begin{cases} (x+y)_1 = \dfrac{(x)_1\,(y)_1\,\{(x)_2+(x)_1\,(x)_3\}\,\{(y)_2+(y)_1\,(y)_3\} - (x)_0\,(y)_0\,(x)_3\,(y)_3\sin^2\alpha}{\{(x)_2+(x)_1\,(x)_3\}\,\{(y)_2+(y)_1\,(y)_3\} - (x)_0\,(y)_0\,(x)_2\,(y)_2\sin^2\alpha}, \\ (x+y)_2 = \dfrac{(x)_2\,(y)_2\,\{(x)_2+(x)_1\,(x)_3\}\,\{(y)_2+(y)_1\,(y)_3\} + (x)_0\,(y)_0\sin^2\alpha\cos 2\alpha}{\{(x)_2+(x)_1\,(x)_3\}\,\{(y)_2+(y)_1\,(y)_3\} - (x)_0\,(y)_0\,(x)_2\,(y)_2\sin^2\alpha}, \\ (x+y)_3 = \dfrac{(x)_3\,(y)_3\,\{(x)_2+(x)_1\,(x)_3\}\,\{(y)_2+(y)_1\,(y)_3\} + (x)_0\,(y)_0\,(x)_1\,(y)_1\sin^2\alpha\cos 2\alpha}{\{(x)_2+(x)_1\,(x)_3\}\,\{(y)_2+(y)_1\,(y)_3\} - (x)_0\,(y)_0\,(x)_2\,(y)_2\sin^2\alpha}, \end{cases}$$

et cetera.

4. En posant

$$\begin{cases} x+y=z, \\ \quad y=z-x, \end{cases}$$

comme nous avons

$$\begin{array}{llllll}
O'_1 & (z-x)_1\,(z)_3\,(x)_1 & +\,(z-x)_2\,(x)_2 & -\,(z-x)_3\,(z)_1\,(x)_3 & = (z)_2\,, \\
O'_2 & -\,(z-x)_1\,(z)_3\,(x)_3 & +\,(z-x)_2 & +\,(z-x)_3\,(z)_1\,(x)_1 & = (z)_2\,(x)_2\,, \\
O'_3 & -\,(z-x)_1\,(z)_1\,(x)_3 & +\,(z-x)_2\,(z)_2 & +\,(z-x)_3\,(z)_3\,(x)_1 & = (x)_2\,, \\
 & & & & \\
O'_7 & (z-x)_1\,(z)_2\,(x)_1 & -\,(z-x)_2\,(z)_1\,(x)_2 & +\,(z-x)_3\,(x)_3 & = (z)_3\,, \\
O'_8 & -\,(z-x)_1\,(z)_2\,(x)_2 & +\,(z-x)_2\,(z)_1\,(x)_1 & +\,(z-x)_3 & = (z)_3\,(x)_3\,, \\
O'_9 & -\,(z-x)_1\,(z)_1\,(x)_2 & +\,(z-x)_2\,(z)_2\,(x)_1 & +\,(z-x)_3\,(z)_3 & = (x)_3\,, \\
 & & & & \\
O'_{10} & (z-x)_1\,(z)_3\,(x)_2 & +\,(z-x)_2\,(x)_1 & -\,(z-x)_3\,(z)_1 & = (z)_2\,(x)_3\,, \\
O'_{11} & (z-x)_1\,(z)_2\,(x)_3 & -\,(z-x)_2\,(z)_1 & +\,(z-x)_3\,(x)_1 & = (z)_3\,(x)_2\,, \\
O'_{12} & -\,(z-x)_1\,(z)_3 & +\,(z-x)_2\,(x)_3 & +\,(z-x)_3\,(z)_1\,(x)_2 & = (z)_2\,(x)_1\,, \\
O'_{13} & (z-x)_1\,(x)_2 & +\,(z-x)_2\,(z)_3\,(x)_1 & -\,(z-x)_3\,(z)_2 & = (z)_1\,(x)_3\,, \\
O'_{14} & (z-x)_1\,(x)_3 & -\,(z-x)_2\,(z)_3 & +\,(z-x)_3\,(z)_2\,(x)_1 & = (z)_1\,(x)_2\,, \\
O'_{15} & -\,(z-x)_1\,(z)_2 & +\,(z-x)_2\,(z)_1\,(x)_3 & +\,(z-x)_3\,(x)_2 & = (z)_3\,(x)_1\,,
\end{array}$$

d'une ou d'autre des combinaisons

$$(15) \qquad \begin{cases} O'_1\,O'_8\,O'_{13}, \quad O'_2\,O'_7\,O'_{14}, \quad O'_2\,O'_9\,O'_{12}, \quad O'_3\,O'_8\,O'_{15}, \\ \qquad\qquad\quad O'_1\,O'_9\,O'_{10}, \quad O'_3\,O'_7\,O'_{11} \end{cases}$$

on tire aisément

$$
(16)\quad \begin{cases}
(z-x)_1 = \dfrac{\{(z)_2\,(z)_3 + (z)_1\}\,\{(x)_2\,(x)_3 - (x)_1\} + (z)_0\,(x)_0\,(z)_1\,(x)_1 \sin^2\alpha \cos^2\alpha}{(z)_1\,(x)_1\,\{(z)_2\,(z)_3 + (z)_1\}\,\{(x)_2\,(x)_3 - (x)_1\} + (z)_0\,(x)_0 \sin^2\alpha \cos^2\alpha}, \\[2ex]
(z-x)_2 = \dfrac{(z)_3\,(x)_3\,\{(z)_2\,(z)_3 + (z)_1\}\,\{(x)_2\,(x)_3 - (x)_1\} + (z)_0\,(x)_0\,(z)_2\,(x)_2 \sin^2\alpha \cos^2\alpha}{(z)_1\,(x)_1\,\{(z)_2\,(z)_3 + (z)_1\}\,\{(x)_2\,(x)_3 - (x)_1\} + (z)_0\,(x)_0 \sin^2\alpha \cos^2\alpha}, \\[2ex]
(z-x)_3 = \dfrac{(z)_2\,(x)_2\,\{(z)_2\,(z)_3 + (z)_1\}\,\{(x)_2\,(x)_3 - (x)_1\} + (z)_0\,(x)_0\,(z)_3\,(x)_3 \sin^2\alpha \cos^2\alpha}{(z)_1\,(x)_1\,\{(z)_2\,(z)_3 + (z)_1\}\,\{(x)_2\,(x)_3 - (x)_1\} + (z)_0\,(x)_0 \sin^2\alpha \cos^2\alpha}.
\end{cases}
$$

Au moyen de l'identité (3) ces expressions deviennent

$$
(17)\quad \begin{cases}
(z-x)_1 = \dfrac{(z)_1\,(x)_1\,\{(z)_2\,(z)_3 - (z)_1\}\,\{(x)_2\,(x)_3 + (x)_1\} + (z)_0\,(x)_0 \sin^2\alpha \cos^2\alpha}{\{(z)_2\,(z)_3 - (z)_1\}\,\{(x)_2\,(x)_3 + (x)_1\} + (z)_0\,(x)_0\,(z)_1\,(x)_1 \sin^2\alpha \cos^2\alpha}, \\[2ex]
(z-x)_2 = \dfrac{(z)_2\,(x)_2\,\{(z)_2\,(z)_3 - (z)_1\}\,\{(x)_2\,(x)_3 + (x)_1\} + (z)_0\,(x)_0\,(z)_3\,(x)_3 \sin^2\alpha \cos^2\alpha}{\{(z)_2\,(z)_3 - (z)_1\}\,\{(x)_2\,(x)_3 + (x)_1\} + (z)_0\,(x)_0\,(z)_1\,(x)_1 \sin^2\alpha \cos^2\alpha}, \\[2ex]
(z-x)_3 = \dfrac{(z)_3\,(x)_3\,\{(z)_2\,(z)_3 - (z)_1\}\,\{(x)_2\,(x)_3 + (x)_1\} + (z)_0\,(x)_0\,(z)_2\,(x)_2 \sin^2\alpha \cos^2\alpha}{\{(z)_2\,(z)_3 - (z)_1\}\,\{(x)_2\,(x)_3 + (x)_1\} + (z)_0\,(x)_0\,(z)_1\,(x)_1 \sin^2\alpha \cos^2\alpha},
\end{cases}
$$

ou bien

$$
(18)\quad \begin{cases}
(z-x)_1 = \dfrac{(z)_1\,(x)_1 \sqrt{\{(z)_2\,(z)_3 - (z)_1\}\{(x)_2\,(x)_3 + (x)_1\}} + \sqrt{\{(z)_2\,(z)_3 + (z)_1\}\{(x)_2\,(x)_3 - (x)_1\}}}{\sqrt{\{(z)_2\,(z)_3 - (z)_1\}\{(x)_2\,(x)_3 + (x)_1\}} + (z)_1\,(x)_1 \sqrt{\{(z)_2\,(z)_3 + (z)_1\}\{(x)_2\,(x)_3 - (x)_1\}}}, \\[2ex]
(z-x)_2 = \dfrac{(z)_2\,(x)_2 \sqrt{\{(z)_2(z)_3 - (z)_1\}\{(x)_2(x)_3 + (x)_1\}} + (z)_3\,(x)_3 \sqrt{\{(z)_2(z)_3 + (z)_1\}\{(x)_2(x)_3 - (x)_1\}}}{\sqrt{\{(z)_2\,(z)_3 - (z)_1\}\{(x)_2\,(x)_3 + (x)_1\}} + (z)_1\,(x)_1 \sqrt{\{(z)_2\,(z)_3 + (z)_1\}\{(x)_2\,(x)_3 - (x)_1\}}},
\end{cases}
$$

$$(18)\quad (z-x)_3 = \frac{(z)_3\,(x)_3 \sqrt{\{(z)_2(z)_3-(z)_1\}\{(x)_2(x)_3+(x)_1\}} + (z)_2(x)_2 \sqrt{\{(z)_2(z)_3+(z)_1\}\{(x)_2(x)_3-(x)_1\}}}{\sqrt{\{(z)_2\,(z)_3-(z)_1\}\{(x)_2\,(x)_3+(x)_1\}} + (z)_1\,(x)_1 \sqrt{\{(z)_2\,(z)_3+(z)_1\}\{(x)_2\,(x)_3-(x)_1\}}}.$$

Par les combinaisons

$$(19)\quad \begin{cases} O'_1\ O'_7\ O'_{10}, & O'_3\ O'_9\ O'_{11}, \\ O'_2\ O'_7\ O'_{12}, & O'_2\ O'_9\ O'_{14}, \end{cases}$$

$$(20)\quad \begin{cases} O'_1\ O'_7\ O'_{11}, & O'_3\ O'_9\ O'_{10}, \\ O'_1\ O'_8\ O'_{15}, & O'_3\ O'_8\ O'_{13}, \end{cases}$$

$$(21)\quad O'_{10}\ O'_{12}\ O'_{15}, \quad O'_{11}\ O'_{13}\ O'_{14},$$

$$(22)\quad O'_{10}\ O'_{13}\ O'_{14}, \quad O'_{11}\ O'_{12}\ O'_{15}$$

on obtient des formules analogues.

Les formules les plus praticables sont (3), (4) et (5) pour la somme, (16), (17) et (18) pour la différence.

5. 1[1]. Posons

$$y = x,$$

nous aurons [3, (5)]

$$(1)\quad \begin{cases} (2x)_1 = \dfrac{(x)_1^{\,2}\{(x)_2\,(x)_3+(x)_1\} - \{(x)_2\,(x)_3-(x)_1\}}{\{(x)_2\,(x)_3+(x)_1\} - (x)_1^{\,2}\{(x)_2\,(x)_3-(x)_1\}}, \\[2ex] (2x)_2 = \dfrac{(x)_2^{\,2}\{(x)_2\,(x)_3+(x)_1\} + (x)_3^{\,2}\{(x)_2\,(x)_3-(x)_1\}}{\{(x)_2\,(x)_3+(x)_1\} - (x)_1^{\,2}\{(x)_2\,(x)_3-(x)_1\}}, \\[2ex] (2x)_3 = \dfrac{(x)_3^{\,2}\{(x)_2\,(x)_3+(x)_1\} + (x)_2^{\,2}\{(x)_2\,(x)_3-(x)_1\}}{\{(x)_2\,(x)_3+(x)_1\} - (x)_1^{\,2}\{(x)_2\,(x)_3-(x)_1\}}. \end{cases}$$

2^1. Comme les expressions

$$O_{10}\,,\ O_{11}\,,\ O_{12}$$

ou

$$O_{13}\,,\ O_{14}\,,\ O_{15}\,,$$

par $y=x$ deviennent

$$(2)\qquad \left\{\begin{aligned} &(x)_3\,\{(2x)_1 + (2x)_2\} = (x)_1\,(x)_2\,\{1+(2x)_3\},\\ &(x)_2\,\{(2x)_1 + (2x)_3\} = (x)_1\,(x)_3\,\{1+(2x)_2\},\\ &(x)_1\,\{(2x)_2 + (2x)_3\} = (x)_2\,(x)_3\,\{1+(2x)_1\}\end{aligned}\right.$$

en outre on aura

$$(3)\qquad \left\{\begin{aligned} &\left(\frac{x}{2}\right)_1 = \pm\sqrt{\frac{\{(x)_1 + (x)_2\}\,\{(x)_1 + (x)_3\}}{\{1 + (x)_2\}\,\{1 + (x)_3\}}}\,,\\ &\left(\frac{x}{2}\right)_2 = \pm\sqrt{\frac{\{(x)_1 + (x)_2\}\,\{(x)_2 + (x)_3\}}{\{1 + (x)_1\}\,\{(1 + (x)_3\}}}\,,\\ &\left(\frac{x}{2}\right)_3 = \pm\sqrt{\frac{\{(x)_1 + (x)_3\}\,\{(x)_2 + (x)_3\}}{\{1 + (x)_1\}\,\{(1 + (x)_2\}}}\,.\end{aligned}\right.$$

3^1. En posant

$$z=0$$

on obtient

$$(4) \qquad \begin{cases} (-x)_1 = \dfrac{1}{(x)_1}, \\ (-x)_2 = \dfrac{(x)_3}{(x)_1}, \\ (-x)_3 = \dfrac{(x)_2}{(x)_1}. \end{cases}$$

III. Valeurs fondamentales de l'intégrale.

6. Écrivons

$$(1) \qquad \int_0^1 \frac{d\,(\sigma, u)_0}{(\sigma, u)_1\,(\sigma, u)_2\,(\sigma, u)_3} = \Theta_\sigma$$

et pour abréger

$$\Theta_\alpha = \Theta.$$

En supposant

$$(2) \qquad \sin^2\alpha < \cos^2\alpha$$

nous avons

$$\begin{cases} \displaystyle\int_0^1 \frac{d\,(u)_0}{(u)_1} < \int_0^1 \frac{d(u)_0}{(u)_1\,(u)_3} < \int_0^1 \frac{d\,(u)_0}{(u)_1\,(u)_2} < \int_0^1 \frac{d\,(u)_0}{(u)_1 (u)_2 (u_3)}, \\ \displaystyle\int_0^1 \frac{d\,(u)_0}{(u)_1 (u)_2 (u)_3} < \sec\alpha \int_0^1 \frac{d(u)_0}{(u)_1\,(u)_2} < \operatorname{cosec}\alpha \int_0^1 \frac{d\,(u)_0}{(u)_1\,(u)_3} < \sec\alpha\,\operatorname{cosec}\alpha \int_0^1 \frac{d\,(u)_0}{(u)_1}, \end{cases}$$

par conséquent le plus étroitement

(3) $$2 \sec\alpha \log\cot\frac{\alpha}{2} < \Theta < 2 \sec^2\alpha \log\cot\frac{\alpha}{2}.$$

7. Écrivons

(4) $$\int_1^{\sec^2\alpha} \frac{d(u)_0}{(u)_1 (u)_2 (u)_3} = \Theta'_\alpha = \Theta',$$

où $\sin^2\alpha < \cos^2\alpha$.

Évidemment Θ' est imaginaire de la forme

(5) $$\Theta' = -\sqrt{-1} \bmod \Theta',$$

et, comme

$$\sec\alpha \int_1^{\sec^2\alpha} \frac{d(u)_0}{\sqrt{(u)_0 - 1}\,(u)_2} < \bmod \Theta' < \cos\alpha \sqrt{\sec 2\alpha} \int_1^{\sec^2\alpha} \frac{d(u)_0}{\sqrt{(u)_0 - 1}\,(u)_2}$$

on a

(6) $$\pi \sec^2\alpha < \bmod \Theta' < \pi \sqrt{\sec 2\alpha}.$$

Présentement une fois pour toutes nous supposons $\sin^2\alpha < \cos^2\alpha$, de plus, nous supposons

(7) $$0 < \alpha < \frac{\pi}{4}$$

8. Si

2*

$$(u)_0 = \frac{1 + (x)_1^2}{(x)_3^2},$$

et $(x)_0$ varie entre 0 et 1 on a

$$\left\{\begin{aligned} (x)_0 &= \frac{1+(u)_1{}^2}{(u)_3{}^2}, \\ \mathrm{d}(x)_0 &= -\frac{\cos 2\alpha}{(u)_3{}^4}\,\mathrm{d}(u)_0, \\ (x)_1 &= -\sqrt{-1}\,\frac{(u)_2}{(u)_3}, \\ (x)_2 &= -\sqrt{-1}\,\frac{\sqrt{\cos 2\alpha}\,(u)_1}{(u)_3}, \\ (x)_3 &= \frac{\sqrt{\cos 2\alpha}}{(u)_3} \end{aligned}\right.$$

et, par suite,

$$(8) \qquad \int_{\frac{1+(a)_1{}^2}{(a)_3{}^2}}^{\frac{1+(x)_1{}^2}{(x)_3{}^2}} \frac{\mathrm{d}(u)_0}{(u)_1(u)_2(u)_3} = \int_{(a)_0}^{(x)_0} \frac{\mathrm{d}(x)_0}{(x)_1(x)_2(x)_3}.$$

En particulier

$$(9) \qquad \int_{\sec^2\alpha}^{2} \frac{\mathrm{d}(u)_0}{(u)_1(u)_2(u)_3} = -\,\Theta.$$

9. Si

$$(u)_0 = \frac{1 + (x)_1^{\,2}}{(x)_2^{\,2}},$$

et $(x)_0$ varie entre 0 et 1 on a

$$\left\{\begin{aligned}
(x)_0 &= \frac{1 + (u)_1^{\,2}}{(u)_2^{\,2}},\\
\mathrm{d}\,(x)_0 &= \frac{\cos 2\alpha}{(u)_2^{\,4}}\,\mathrm{d}\,(u)_0\,,\\
(x)_1 &= \sqrt{-1}\,\frac{(u)_3}{(u)_2},\\
(x)_2 &= \sqrt{-1}\,\frac{\sqrt{\cos 2\alpha}}{(u)_2},\\
(x)_3 &= \frac{\sqrt{\cos 2\alpha}\,(u)_1}{(u)_2}
\end{aligned}\right.$$

par conséquent

$$(10)\qquad \int_{\frac{1+(a)_1^2}{(a)_2^2}}^{\frac{1+(x)_1^2}{(x)_2^2}} \frac{\mathrm{d}(u)_0}{(u)_1(u)_2(u)_3} = -\int_{(a)_0}^{(x)_0} \frac{\mathrm{d}\,(x)_0}{(x)_1(x)_2\,(x)_3},$$

et, en particulier

$$\int_{2}^{\operatorname{cosec}^2\alpha} \frac{d(u)_0}{(u)_1(u)_2(u)_3} = -\Theta. \tag{11}$$

10. Si

$$(u)_0 = -\frac{(x)_0}{(x)_1{}^2}$$

et $(x)_0$ varie entre 1 et $\sec^2\alpha$ on a

$$\left\{\begin{aligned} (x)_0 &= -\frac{(u)_0}{(u)_1{}^2}, \\ d(x)_0 &= -\frac{d(u)_0}{(u)_1{}^4} \\ (x)_1 &= -\frac{1}{(u)_1} \\ (x)_2 &= \frac{(u)_3}{(u)_1} \\ (x)_3 &= \frac{(u)_2}{(u)_1} \end{aligned}\right.$$

par conséquent

$$(12)\qquad \int_{-\frac{(a)_0}{(a)_1^{2}}}^{-\frac{(x)_0}{(x)_1^{2}}} \frac{d\,(u)_0}{(u)_1 (u)_2 (u)_3} = \int_{(a)_0}^{(x)_0} \frac{d\,(x)_0}{(x)_1 (x)_2 (x)_3},$$

et, en particulier

$$(13)\qquad \int_{\operatorname{cosec}^2\alpha}^{+\infty} \frac{d\,(u)_0}{(u)_1 (u)_2 (u)_3} = -\,\Theta'.$$

$(x)_0$ variant entre 0 et 1, au lieu de $(x)_1 = -\dfrac{1}{(u)_1}$ nous aurons

$$(x)_1 = +\frac{1}{(u)_1}$$

alors

$$(14)\qquad \int_{-\frac{(a)_0}{(a)_1^{2}}}^{-\frac{(x)_0}{(x)_1^{2}}} \frac{d\,(u)_0}{(u)_1 (u)_2 (u)_3} = -\int_{(a)_0}^{(x)_0} \frac{d\,(x)_0}{(x)_1 (x)_2 (x)_3},$$

et en particulier

$$(15)\qquad \int_{0}^{-\infty} \frac{d\,(u)_0}{(u)_1 (u)_2 (u)_3} = -\,\Theta.$$

IV. Valeurs fondamentales des quatre fonctions.

11. Au moyen des articles 3, 4 et 5 et des valeurs initiales

$$(\Theta)_1 = 0, \qquad (\Theta)_2 = \sin\alpha, \quad (\Theta)_3 = \cos\alpha,$$

$$(\Theta + \Theta)_1 = \sqrt{-1}\,\operatorname{tang}\alpha, \quad (\Theta + \Theta)_2 = 0, \quad (\Theta + \Theta)_3 = \frac{\sqrt{\cos 2\alpha}}{\cos\alpha}$$

il est facile à construire les tables suivantes:

$(0)_1 = 1$	$(0)_2 = 1$	$(0)_3 = 1$
$(\Theta)_1 = 0$	$(\Theta)_2 = \sin\alpha$	$(\Theta)_3 = \cos\alpha$
$(2\Theta)_1 = -1$	$(2\Theta)_2 = 1$	$(2\Theta)_3 = 1$
$(3\Theta)_1 = \mp\infty$	$(3\Theta)_2 = \pm\infty$	$(3\Theta)_3 = \pm\infty$
$(4\Theta)_1 = 1$	$(4\Theta)_2 = -1$	$(4\Theta)_3 = -1$
$(5\Theta)_1 = 0$	$(5\Theta)_2 = -\sin\alpha$	$(5\Theta)_3 = -\cos\alpha$
$(6\Theta)_1 = -1$	$(6\Theta)_2 = -1$	$(6\Theta)_3 = -1$
$(7\Theta)_1 = \mp\infty$	$(7\Theta)_2 = \mp\infty$	$(7\Theta)_3 = \mp\infty$
$(8\Theta)_1 = 1$	$(8\Theta)_2 = 1$	$(8\Theta)_3 = 1$

$(0)_1 = 1$	$(0)_2 = 1$	$(0)_3 = 1$
$(-\Theta)_1 = \pm\infty$	$(-\Theta)_2 = \pm\infty$	$(-\Theta)_3 = \pm\infty$
$(-2\Theta)_1 = -1$	$(-2\Theta)_2 = -1$	$(-2\Theta)_3 = -1$
$(-3\Theta)_1 = 0$	$(-3\Theta)_2 = -\sin\alpha$	$(-3\Theta)_3 = -\cos\alpha$
$(-4\Theta)_1 = 1$	$(-4\Theta)_2 = -1$	$(-4\Theta)_3 = -1$

$$\begin{array}{lll}
(-5\Theta)_1 = \pm\infty & (-5\Theta)_2 = \mp\infty & (-5\Theta)_3 = \mp\infty \\
(-6\Theta)_1 = -1 & (-6\Theta)_2 = 1 & (-6\Theta)_3 = 1 \\
(-7\Theta)_1 = 0 & (-7\Theta)_2 = \sin\alpha & (-7\Theta)_3 = \cos\alpha \\
(-8\Theta)_1 = 1 & (-8\Theta)_2 = 1 & (-8\Theta)_3 = 1
\end{array}$$

$$\begin{array}{lll}
(0)_1 = 1 & (0)_2 = 1 & (0)_3 = 1 \\
(\Theta')_1 = \sqrt{-1} & (\Theta')_2 = \sqrt{-1}\,\sqrt{\cos 2\alpha} & (\Theta')_3 = \sqrt{\cos 2\alpha} \\
(2\Theta')_1 = -1 & (2\Theta')_2 = -1 & (2\Theta')_3 = 1 \\
(3\Theta')_1 = -\sqrt{-1} & (3\Theta')_2 = -\sqrt{-1}\,\sqrt{\cos 2\alpha} & (3\Theta')_3 = \sqrt{\cos 2\alpha} \\
(4\Theta')_1 = 1 & (4\Theta')_2 = 1 & (4\Theta')_3 = 1
\end{array}$$

$$\begin{array}{lll}
(0)_1 = 1 & (0)_2 = 1 & (0)_3 = 1 \\
(-\Theta')_1 = -\sqrt{-1} & (-\Theta')_2 = -\sqrt{-1}\,\sqrt{\cos 2\alpha} & (-\Theta')_3 = \sqrt{\cos 2\alpha} \\
(-2\Theta')_1 = -1 & (-2\Theta')_2 = -1 & (-2\Theta')_3 = 1 \\
(-3\Theta')_1 = \sqrt{-1} & (-3\Theta')_2 = \sqrt{-1}\,\sqrt{\cos 2\alpha} & (-3\Theta')_3 = \sqrt{\cos 2\alpha} \\
(-4\Theta')_1 = 1 & (-4\Theta')_2 = 1 & (-4\Theta')_3 = 1
\end{array}$$

auxquels par un calcul ordinaire viennent se joindre,

$$\begin{array}{ll}
(0)_0 = 0 & (0)_0 = 0 \\
(\Theta)_0 = 1 & (-\Theta)_0 = +\infty \\
(2\Theta)_0 = 0 & (-2\Theta)_0 = 0 \\
(3\Theta)_0 = +\infty & (-3\Theta)_0 = 1 \\
(4\Theta)_0 = 0 & (-4\Theta)_0 = 0
\end{array}$$

$$
\begin{array}{ll}
(5\Theta)_0 = 1 & (-5\Theta)_0 = +\infty \\
(6\Theta)_0 = 0 & (-6\Theta)_0 = 0 \\
(7\Theta)_0 = +\infty & (-7\Theta)_0 = 1 \\
(8\Theta)_0 = 0 & (-8\Theta)_0 = 0 \\
(0)_0 = 0 & (0)_0 = 0 \\
(\Theta')_0 = 2 & (-\Theta')_0 = 2 \\
(2\Theta')_0 = 0 & (-2\Theta')_0 = 0 \\
(3\Theta')_0 = 2 & (-3\Theta')_0 = 2 \\
(4\Theta')_0 = 0 & (-4\Theta')_0 = 0
\end{array}
$$

12. En ayant égard aux identités

$$
\begin{aligned}
\{(x)_2 (x)_3 + (x)_1\} \{(x)_2 (x)_3 - (x)_1\} &= (x)_0{}^2 \sin^2\alpha \cos^2\alpha, \\
\{(x)_2 + (x)_1 (x)_3\} \{(x)_2 (x)_3 - (x)_1\} &= \{(x)_3 - (x)_1 (x)_2\} (x)_0 \sin^2\alpha, \\
\{(x)_3 + (x)_1 (x)_2\} \{(x)_2 (x)_3 - (x)_1\} &= \{(x)_2 - (x)_1 (x)_3\} (x)_0 \cos^2\alpha, \\
\{(x)_2 - (x)_1 (x)_3\} \{(x)_2 (x)_3 + (x)_1\} &= \{(x)_3 + (x)_1 (x)_2\} (x)_0 \sin^2\alpha, \\
\{(x)_3 - (x)_1 (x)_2\} \{(x)_2 (x)_3 + (x)_1\} &= \{(x)_2 + (x)_1 (x)_3\} (x)_0 \cos^2\alpha,
\end{aligned}
$$

de l'une ou de l'autre des formules des articles 3 et 4 on tire aisément

$$
(x+\Theta)_1 = -\frac{(x)_2 (x)_3 - (x)_1}{(x)_0 \sin\alpha \cos\alpha} = -\frac{(x)_0 \sin\alpha \cos\alpha}{(x)_2 (x)_3 + (x)_1} = -\frac{\sqrt{(x)_2 (x)_3 - (x)_1}}{\sqrt{(x)_2 (x)_3 + (x)_1}},
$$

$$
(x+2\Theta)_1 = -\frac{1}{(x)_1},
$$

$$(x+3\Theta)_1 = \frac{(x)_2\,(x)_3 + (x)_1}{(x)_0 \sin\alpha\cos\alpha} = \frac{(x)_0 \sin\alpha\cos\alpha}{(x)_2\,(x)_3 - (x)_1} = \frac{\sqrt{(x)_2\,(x)_3 + (x)_1}}{\sqrt{(x)_2\,(x)_3 - (x)_1}},$$

$$(x+4\Theta)_1 = (x)_1.$$

$$(x+\Theta)_2 = \frac{(x)_2 - (x)_1\,(x)_3}{(x)_0 \sin\alpha} = \frac{(x)_3 + (x)_1\,(x)_2}{(x)_2\,(x)_3 + (x)_1}\sin\alpha,$$

$$(x+2\Theta)_2 = \frac{(x)_3}{(x)_1},$$

$$(x+3\Theta)_2 = -\frac{(x)_2 + (x)_1\,(x)_3}{(x)_0 \sin\alpha} = -\frac{(x)_3 - (x)_1\,(x)_2}{(x)_2\,(x)_3 - (x)_1}\sin\alpha,$$

$$(x+4\Theta)_2 = -(x)_2.$$

$$(x+\Theta)_3 = \frac{(x)_3 - (x)_1\,(x)_2}{(x)_0 \cos\alpha} = \frac{(x)_2 + (x)_1\,(x)_3}{(x)_2\,(x)_3 + (x)_1}\cos\alpha,$$

$$(x+2\Theta)_3 = \frac{(x)_2}{(x)_1},$$

$$(x+3\Theta)_3 = -\frac{(x)_3 + (x)_1\,(x)_2}{(x)_0 \cos\alpha} = -\frac{(x)_2 - (x)_1\,(x)_3}{(x)_2\,(x)_3 - (x)_1}\cos\alpha,$$

$$(x+4\Theta)_3 = -(x)_3.$$

$$(x+\Theta)_0 = 2(x)_1 \frac{(x)_2\,(x)_3 - (x)_1}{(x)_0^2 \sin^2\alpha \cos^2\alpha} = \frac{2\,(x)_1}{(x)_2\,(x)_3 + (x)_1},$$

$$(x+2\Theta)_0 = -\frac{(x)_0}{(x)_1^{\ 2}},$$

$$(x+3\Theta)_0 = -2(x)_1 \frac{(x)_2\,(x)_3 + (x)_1}{(x)_0^2 \sin^2\alpha \cos^2\alpha} = -\frac{2\,(x)_1}{(x)_2\,(x)_3 - (x)_1},$$

$$(x+4\Theta)_0 = (x)_0.$$

En vertu des valeurs des fonctions $(x+4\Theta)_1$, $(x+4\Theta)_2$, $(x+4\Theta)_3$ et $(x+4\Theta)_0$ nous avons encore

$$(x-\Theta)_1 = (x+3\Theta)_1, \qquad (x-2\Theta)_1 = (x+2\Theta)_1,$$
$$(x-3\Theta)_1 = (x+\Theta)_1, \qquad (x-4\Theta)_1 = (x)_1.$$

$$(x-\Theta)_2 = -(x+3\Theta)_2, \qquad (x-2\Theta)_2 = -(x+2\Theta)_2,$$
$$(x-3\Theta)_2 = -(x+\Theta)_2, \qquad (x-4\Theta)_2 = -(x)_2.$$

$$(x-\Theta)_3 = -(x+3\Theta)_3, \qquad (x-2\Theta)_3 = -(x+2\Theta)_3,$$
$$(x-3\Theta)_3 = -(x+\Theta)_3, \qquad (x-4\Theta)_3 = -(x)_3.$$

$$(x-\Theta)_0 = (x+3\Theta)_0, \qquad (x-2\Theta)_0 = (x+2\Theta)_0,$$
$$(x-3\Theta)_0 = (x+\Theta)_0, \qquad (x-4\Theta)_0 = (x)_0.$$

En outre nous trouvons

$$(x+\Theta')_1 = \sqrt{-1}\,\frac{(x)_2}{(x)_3}, \qquad (x+2\Theta')_1 = -(x)_1.$$

$$(x+\Theta')_2 = \sqrt{-1}\,\sqrt{\cos 2\alpha}\,\frac{(x)_1}{(x)_3}, \qquad (x+2\Theta')_2 = -(x)_2.$$

$$(x+\Theta')_3 = \sqrt{\cos 2\alpha}\,\frac{1}{(x)_3}, \qquad (x+2\Theta')_3 = (x)_3.$$

$$(x+\Theta')_0 = \frac{1+(x)_1{}^2}{(x)_3{}^2}, \qquad (x+2\Theta')_0 = (x)_0.$$

$$(x-\Theta')_1 = -\sqrt{-1}\,\frac{(x)_2}{(x)_3}, \qquad (x-2\Theta')_1 = -(x)_1.$$

$$(x-\Theta')_2 = -\sqrt{-1}\,\sqrt{\cos 2\alpha}\,\frac{(x)_1}{(x)_3}, \qquad (x-2\Theta')_2 = -(x)_2.$$

$$(x-\Theta')_3 = \sqrt{\cos 2\alpha}\,\frac{1}{(x)_3}, \qquad (x-2\Theta')_3 = (x)_3.$$

$$(x-\Theta')_0 = \frac{1+(x)_1{}^2}{(x)_3{}^2}, \qquad (x-2\Theta')_0 = (x)_0.$$

Il est à remarquer que par les relations

$$(-u)_1 = \frac{1}{(u)_1}, \qquad (-u)_2 = \frac{(u)_3}{(u)_1}, \qquad (-u)_3 = \frac{(u)_2}{(u)_1},$$

$$(-u)_0 = -\frac{(u)_0}{(u)_1{}^2}$$

on écrira dans tous les cas sans peine, les expressions analogues relatives aux quatre fonctions des arguments

$$-x \mp n\Theta$$
$$-x \mp n\Theta'$$

où $n = 1, 2, 3, \ldots$

13. Évidemment

$$(x \pm 4n\Theta)_0 = (x)_0\,, \qquad (x \pm 2n\Theta')_0 = (x)_0.$$
$$(x \pm 4n\Theta)_1 = (x)_1\,, \qquad (x \pm 4n\Theta')_1 = (x)_1.$$
$$(x \pm 8n\Theta)_2 = (x)_2\,, \qquad (x \pm 4n\Theta')_2 = (x)_2.$$
$$(x \pm 8n\Theta)_3 = (x)_3\,, \qquad (x \pm 2n\Theta')_3 = (x)_3.$$
$$(x \pm \overline{2n-1}\; 2\Theta')_1 = -(x)_1.$$
$$(x \pm \overline{2n-1}\; 4\Theta)_2 = -(x)_2\,, \qquad (x \pm \overline{2n-1}\; 2\Theta')_2 = -(x)_2.$$
$$(x \pm \overline{2n-1}\; 4\Theta)_3 = -(x)_3.$$

V. Variations des quatre fonctions.

14. Quand l'argument n'admet que des valeurs réelles, d'après les définitions, d'après les formules pour les fonctions des arguments $x+\Theta$ et $x-\Theta$ et d'après les valeurs des fonctions de l'argument $n\Theta$, on voit clairement les variations des quatre fonctions. Ainsi, nous nous bornerons au cas d'un argument imaginaire sans partie réelle. Nous désignons par z' cet argument.

En ayant égard aux formules pour les fonctions de la somme $x+\Theta'$, on voit que la table suivante réprésente précisément les variations des fonctions de l'argument $\Theta+z'$:

$$(1)\begin{cases} (\Theta)_1=0, (\Theta+\Theta')_1=\sqrt{-1}\operatorname{tang}\alpha, (\Theta+2\Theta')_1=0, (\Theta+3\Theta')_1=-\sqrt{-1}\operatorname{tang}\alpha, (\Theta+4\Theta')_1=0. \\ (\Theta)_2=\sin\alpha, \ (\Theta+\Theta')_2=0, \ (\Theta+2\Theta')_2=-\sin\alpha, \ (\Theta+3\Theta')_2=0, \ (\Theta+4\Theta')_2=\sin\alpha. \\ (\Theta)_3=\cos\alpha, (\Theta+\Theta')_3=\dfrac{\sqrt{\cos 2\alpha}}{\cos\alpha}, (\Theta+2\Theta')_3=\cos\alpha, (\Theta+3\Theta')_3=\dfrac{\sqrt{\cos 2\alpha}}{\cos\alpha}, (\Theta+4\Theta')_3=\cos\alpha. \\ (\Theta)_0=1, \ (\Theta+\Theta')_0=\sec^2\alpha, \ (\Theta+2\Theta')_0=1, \ (\Theta+3\Theta')_0=\sec^2\alpha, \ (\Theta+4\Theta')_0=1. \end{cases}$$

En particulier, $(\Theta+z')_1$ est toujours imaginaire sans partie réelle, $(\Theta+z')_2$, $(\Theta+z')_3$, $(\Theta+z')_0$ sont toujours réels et les deux derniers toujours positifs. La fonction $(\Theta+z')_1$ est positive depuis $z'=0$ jusqu'à $z'=2\Theta'$; elle est négative depuis $z'=2\Theta'$ jusqu' à $z'=4\Theta'$. La fonction $(\Theta+z')_2$ est positive depuis $z'=0$ jusqu' à $z'=\Theta'$ et depuis $z'=3\Theta'$ jusqu' à $z'=4\Theta'$; elle est négative depuis $z'=\Theta'$ jusqu' à $z'=3\Theta'$.

Conséquemment au moyen des expressions ci-jointes (2) on reconnetra facilement les variations des fonctions de la variable imaginaire sans partie réelle z'.

$$(2) \qquad \left\{ (z')_1 = (z'+\Theta-\Theta)_1 = \frac{(\Theta+z')_2\,(\Theta+z')_3 + (\Theta+z')_1}{(\Theta+z')_0 \sin\alpha\cos\alpha}, \right.$$

$$(2)\quad \begin{cases} (z')_2 = (z' + \Theta - \Theta)_2 = \dfrac{(\Theta+z')_2 + (\Theta+z')_1\,(\Theta+z')_3}{(\Theta+z')_0 \,\sin\alpha}, \\ (z')_3 = (z' + \Theta - \Theta)_3 = \dfrac{(\Theta+z')_3 + (\Theta+z')_1\,(\Theta+z')_2}{(\Theta+z')_0 \,\cos\alpha}, \\ (z')_0 = (z'+\Theta-\Theta)_0 = -\,2\,(\Theta+z')_1\,\dfrac{(\Theta+z')_2\,(\Theta+z')_3 + (\Theta+z')_1}{(\Theta+z')_0^{\,2}\,\sin^2\alpha\,\cos^2\alpha}. \end{cases}$$

Posons

$$(3)\quad \begin{cases} z' = -\zeta\sqrt{-1}, \\ \Theta' = -t\sqrt{-1}, \end{cases}$$

et, au lieu d'écrire »lorsque ζ varie de p à q« écrivons

$$\zeta = p \circ\!\!\longrightarrow \zeta = q.$$

En supposant les fonctions

$$\begin{matrix} A_1, & A_2, & A_3, & A_0, \\ B_1, & B_2, & B_3, & B_0, \\ \ldots, & \ldots, & \ldots, & \ldots, \end{matrix}$$

réelles et positives nous aurons

$$\zeta = 0 \circ\!\!\longrightarrow \zeta = t;$$

$$(z')_1 = A_1\,(t-\zeta) + \sqrt{-1}\,B_1\,\zeta,$$

$$(z')_2 = A_2\,(t-\zeta) + \sqrt{-1}\,B_2\,\zeta,$$

$$(z')_3 = A_3 \qquad + \sqrt{-1}\, B_3\, \zeta\, (t-\zeta),$$
$$(z')_0 = A_0\, \zeta \qquad - \sqrt{-1}\, B_0\, \zeta\, (t-\zeta).$$

$$\zeta = t \circ\!\!\longrightarrow \zeta = 2t;$$
$$(z')_1 = -\, C_1\, (\zeta-t) + \sqrt{-1}\, D_1\, (2t-\zeta),$$
$$(z')_2 = -\, C_2\, (\zeta-t) + \sqrt{-1}\, D_2\, (2t-\zeta),$$
$$(z')_3 = \quad C_3 \qquad - \sqrt{-1}\, D_3\, (\zeta-t)\, (2t-\zeta),$$
$$(z')_0 = \quad C_0\, (2t-\zeta) - \sqrt{-1}\, D_0\, (\zeta-t)\, (2t-\zeta).$$

$$\zeta = 2t \circ\!\!\longrightarrow \zeta = 3t;$$
$$(z')_1 = -\, E_1\, (3t-\zeta) - \sqrt{-1}\, F_1\, (\zeta-2t),$$
$$(z')_2 = -\, E_2\, (3t-\zeta) - \sqrt{-1}\, F_2\, (\zeta-2t),$$
$$(z')_3 = \quad E_3 \qquad + \sqrt{-1}\, F_3\, (\zeta-2t)\, (3t-\zeta),$$
$$(z')_0 = -\, E_0\, (\zeta-2t) + \sqrt{-1}\, F_0\, (\zeta-2t)\, (3t-\zeta).$$

$$\zeta = 3t \circ\!\!\longrightarrow \zeta = 4t;$$
$$(z')_1 = \quad G_1\, (\zeta-3t) - \sqrt{-1}\, H_1\, (4t-\zeta),$$
$$(z')_2 = \quad G_2\, (\zeta-3t) - \sqrt{-1}\, H_2\, (4t-\zeta),$$
$$(z')_2 = \quad G_3 \qquad - \sqrt{-1}\, H_3\, (\zeta-3t)\, (4t-\zeta),$$
$$(z')_0 = -\, G_0\, (4t-\zeta) + \sqrt{-1}\, H_0\, (\zeta-3t)\, (4t-\zeta).$$

Des relations 5, (3) on tirera par exemple

$$\left(\frac{\Theta'}{2}\right)_1 = \frac{\sqrt{\cos 2\alpha} + \sqrt{-1}}{\sqrt{2}\cos\alpha}, \qquad \left(\frac{3\Theta'}{2}\right)_1 = \frac{-\sqrt{\cos 2\alpha} + \sqrt{-1}}{\sqrt{2}\cos\alpha}.$$

$$\left(\frac{\Theta'}{2}\right)_2 = \sqrt[4]{\cos 2\alpha}\;\frac{1+\sqrt{-1}}{\sqrt{2}}, \qquad \left(\frac{3\Theta'}{2}\right)_2 = \sqrt[4]{\cos 2\alpha}\;\frac{-1+\sqrt{-1}}{\sqrt{2}}.$$

$$\left\{\begin{aligned} \left(\frac{\Theta'}{2}\right)_3 &= \sqrt[4]{\cos 2\alpha}\;\frac{(1+\sqrt{\cos 2\alpha}) + \sqrt{-1}\,(1-\sqrt{\cos 2\alpha})}{2\cos\alpha}, \\ \left(\frac{3\Theta'}{2}\right)_3 &= \sqrt[4]{\cos 2\alpha}\;\frac{(1+\sqrt{\cos 2\alpha}) - \sqrt{-1}\,(1-\sqrt{\cos 2\alpha})}{2\cos\alpha}. \end{aligned}\right.$$

$$\left(\frac{\Theta'}{2}\right)_0 = \frac{1-\sqrt{-1}\,\sqrt{\cos 2\alpha}}{\cos^2\alpha}, \qquad \left(\frac{3\Theta'}{2}\right)_0 = \frac{1+\sqrt{-1}\,\sqrt{\cos 2\alpha}}{\cos^2\alpha}.$$

15. Puisque en conséquence des équations 14, (2)

$$(-z')_1 = \frac{(\Theta-z')_2\,(\Theta-z')_3 + (\Theta-z')_1}{(\Theta-z')_0\,\sin\alpha\cos\alpha},$$

$$(-z')_2 = \frac{(\Theta-z')_2 + (\Theta-z')_1\,(\Theta-z')_3}{(\Theta-z)_0\,\sin\alpha},$$

$$(-z')_3 = \frac{(\Theta-z')_3 + (\Theta-z')_1\,(\Theta-z')_2}{(\Theta-z')_0\,\cos\alpha},$$

$$(-z')_0 = -2(\Theta - z')_1 \frac{(\Theta - z')_2 \, (\Theta - z')_3 + (\Theta - z')_1}{(\Theta - z')_0^{\,2} \sin^2\alpha \cos^2\alpha}$$

et comme

$$\begin{aligned}
(\Theta - z')_1 &= -(\Theta + z')_1, \\
(\Theta - z')_2 &= (\Theta + z')_2, \\
(\Theta - z')_3 &= (\Theta + z')_3, \\
(\Theta - z')_0 &= (\Theta + z')_0,
\end{aligned}$$

on a évidemment

$$(-z')_1 = \frac{(\Theta + z')_2 \, (\Theta + z')_3 - (\Theta + z')_1}{(\Theta + z')_0 \sin\alpha \cos\alpha},$$

$$(-z')_2 = \frac{(\Theta + z')_2 - (\Theta + z')_1 \, (\Theta + z')_3}{(\Theta + z')_0 \sin\alpha},$$

$$(-z')_3 = \frac{(\Theta + z')_3 - (\Theta + z')_1 \, (\Theta + z')_2}{(\Theta + z')_0 \cos\alpha},$$

$$(-z')_0 = 2\,(\Theta + z')_1 \frac{(\Theta + z')_2 \, (\Theta + z')_3 - (\Theta + z')_1}{(\Theta + z')_0^{\,2} \sin^2\alpha \cos^2\alpha}.$$

Ainsi, en désignant par les lettres

$$\begin{matrix} a_1, & a_2, & a_3, & a_0, \\ b_1, & b_2, & b_3, & b_0, \end{matrix}$$

des quantités réelles (positives ou négatives), si en général

$$(z')_1 = a_1 + \sqrt{-1}\, b_1\,,$$
$$(z')_2 = a_2 + \sqrt{-1}\, b_2\,,$$
$$(z')_3 = a_3 + \sqrt{-1}\, b_3\,,$$
$$(z')_0 = a_0 + \sqrt{-1}\, b_0\,,$$

on aura

$$(-z')_1 = a_1 - \sqrt{-1}\, b_1\,,$$
$$(-z')_2 = a_2 - \sqrt{-1}\, b_2\,,$$
$$(-z')_3 = a_3 - \sqrt{-1}\, b_3\,,$$
$$(-z')_0 = a_0 - \sqrt{-1}\, b_0\,,$$

et, on a par exemple

$$\left(-\frac{\Theta'}{2}\right)_1 = \frac{\sqrt{\cos 2\alpha} - \sqrt{-1}}{\sqrt{2}\cos\alpha}, \qquad \left(-\frac{3\Theta'}{2}\right)_1 = -\frac{\sqrt{\cos 2\alpha} + \sqrt{-1}}{\sqrt{2}\cos\alpha}.$$

$$\left(-\frac{\Theta'}{2}\right)_2 = \sqrt[4]{\cos 2\alpha}\,\frac{1-\sqrt{-1}}{\sqrt{2}}, \qquad \left(-\frac{3\Theta'}{2}\right)_2 = -\sqrt[4]{\cos 2\alpha}\,\frac{1+\sqrt{-1}}{\sqrt{2}}.$$

$$\left\{\begin{aligned} \left(-\frac{\Theta'}{2}\right)_3 &= \sqrt[4]{\cos 2\alpha}\ \frac{(1+\sqrt{\cos 2\alpha}) - \sqrt{-1}\,(1-\sqrt{\cos 2\alpha})}{2\cos\alpha}, \\ \left(-\frac{3\Theta'}{2}\right)_3 &= \sqrt[4]{\cos 2\alpha}\ \frac{(1+\sqrt{\cos 2\alpha} + \sqrt{-1}\,(1-\sqrt{\cos 2\alpha})}{2\cos\alpha}. \end{aligned}\right.$$

$$\left(-\frac{\Theta'}{2}\right)_0 = \frac{1+\sqrt{-1}\,\sqrt{\cos 2\alpha}}{\cos^2\alpha}, \qquad \left(-\frac{3\Theta'}{2}\right)_0 = \frac{1-\sqrt{-1}\,\sqrt{\cos 2\alpha}}{\cos^2\alpha}.$$

16. Nous obtenons en outre

$$\left\{\begin{aligned} (-z')_1 &= \frac{1}{(z')_1} = \frac{1}{a_1+\sqrt{-1}\,b_1} = \\ &= \frac{a_1-\sqrt{-1}\,b_1}{a_1^2+b_1^2}, \end{aligned}\right.$$

$$\left\{\begin{aligned} (-z')_2 &= \frac{(z')_3}{(z')_1} = \frac{a_3+\sqrt{-1}\,b_3}{a_1+\sqrt{-1}\,b_1} = \\ &= \frac{(a_1 a_3 + b_1 b_3) + \sqrt{-1}\,(a_1 b_3 - b_1 a_3)}{a_1^2 + b_1^2}, \end{aligned}\right.$$

$$\left\{\begin{aligned} (-z')_3 &= \frac{(z')_2}{(z')_1} = \frac{a_2+\sqrt{-1}\, b_2}{a_1+\sqrt{-1}\, b_1} = \\ &= \frac{(a_1 a_2 + b_1 b_2) + \sqrt{-1}\,(a_1 b_2 - b_1 a_2)}{a_1{}^2 + b_1{}^2}, \end{aligned}\right.$$

$$\left\{\begin{aligned} (-z')_0 &= -\frac{(z')_0}{(z')_1{}^2} = -\frac{a_0+\sqrt{-1}\, b_0}{(a_1+\sqrt{-1}\, b_1)^2} = \\ &= \frac{(a_0 b_1{}^2 - a_0 a_1{}^2 - 2b_0 a_1 b_1) + \sqrt{-1}\,(b_0 b_1{}^2 - b_0 a_1{}^2 + 2a_0 a_1 b_1)}{(a_1{}^2 + b_1{}^2)^2}, \end{aligned}\right.$$

dont la comparaison avec les résultats précédemment obtenus nous fournient

$$a_1{}^2 + b_1{}^2 = 1,$$

$$\frac{a_0}{b_0} = -\frac{b_1}{a_1},$$

$$\left\{\begin{aligned} a_1 a_3 + b_1 b_3 - a_2 &= 0, \\ a_1 b_3 - b_1 a_3 + b_2 &= 0, \end{aligned}\right.$$

$$\left\{\begin{aligned} a_1 a_2 + b_1 b_2 - a_3 &= 0, \\ a_1 b_2 - b_1 a_2 + b_3 &= 0. \end{aligned}\right.$$

Il faut évidemment que le déterminant

$$\begin{vmatrix} -1 & a_1 & 0 & b_1 \\ 0 & -b_1 & 1 & a_1 \\ a_1 & -1 & b_1 & 0 \\ -b_1 & 0 & a_1 & 1 \end{vmatrix} = \delta$$

tiré des quatre dernières équations soit égal à zéro.

Le développement du déterminent donne

$$\delta = 2(a_1^2 + b_1^2) - (a_1^2 + b_1^2)^2 - 1$$

qui en effet, à cause de l'égalité $a_1^2 + b_1^2 = 1$ a zéro pour valeur. D'ailleur on a

$$\begin{vmatrix} a_3 & b_3 & -a_2 \\ b_3 & -a_3 & b_2 \\ a_2 & b_2 & -a_3 \end{vmatrix} = 0$$

d'où

$$a_2^2 + b_2^2 = a_3^2 + b_3^2.$$

Puisque

$$(z')_0 = 1 - (z')_1^2$$

nous avons encore

$$a_0 + \sqrt{-1}\, b_0 = 2 b_1 (b_1 - \sqrt{-1}\, a_1),$$

c'est à dire,

$$\begin{cases} a_0 = 2 b_1^2, \\ b_0 = -2 a_1 b_1, \end{cases}$$

auxquels se joinent

$$\begin{cases} a_2{}^2 = \dfrac{1-2\,b_1{}^2\cos^2\alpha}{2} + \dfrac{\sqrt{1-b_1{}^2\sin^2 2\alpha}}{2}, \\[2ex] b_2{}^2 = -\dfrac{1-2\,b_1{}^2\cos^2\alpha}{2} + \dfrac{\sqrt{1-b_1{}^2\sin^2 2\alpha}}{2}. \end{cases}$$

$$\begin{cases} a_3{}^2 = \dfrac{1-2\,b_1{}^2\sin^2\alpha}{2} + \dfrac{\sqrt{1-b_1{}^2\sin^2 2\alpha}}{2}, \\[2ex] b_3{}^2 = -\dfrac{1-2\,b_1{}^2\sin^2\alpha}{2} + \dfrac{\sqrt{1-b_1{}^2\sin^2 2\alpha}}{2}. \end{cases}$$

$$a_2{}^2 + b_2{}^2 = a_3{}^2 + b_3{}^2 = \sqrt{1-b_1{}^2\sin^2 2\alpha}\,.$$

Et cetera.

VI. Théorie générale de la transformation de l'intégrale.

17. La différentielle

$$\frac{\mathrm{d}x}{\sqrt{A+Bx+Cx^2+Dx^3}} \tag{1}$$

se ramène à la forme considérée,

$$(2)\qquad \frac{k\,\mathrm{d}u}{\sqrt{1-u}\,\sqrt{1-u\cos^2\alpha}\;\sqrt{1-u\sin^2\alpha}}$$

où k est une constante, par une simple substitution linéaire.

Écrivons

$$(3)\qquad \left\{\begin{array}{c} A+Bx+Cx^2+Dx^3=A\,(1-\xi x)\,(1-\eta x)\,(1-\zeta x)=X, \\ x=a\,u+b, \end{array}\right.$$

nous aurons

$$X=A\,(1-\xi b)\,(1-\eta b)\,(1-\zeta b)\left\{1-\frac{\xi a}{1-\xi b}\,u\right\}\left\{1-\frac{\eta a}{1-\eta b}\,u\right\}\left\{1-\frac{\zeta a}{1-\zeta b}\,u\right\}.$$

Alors en posant

$$\left\{\begin{array}{l} \dfrac{\xi a}{1-\xi b}=1, \\ \left\{\dfrac{\eta}{1-\eta b}+\dfrac{\zeta}{1-\zeta b}\right\}a=1 \end{array}\right.$$

comme

$$\left\{\begin{array}{c} a+b=\dfrac{1}{\xi}, \\ \{\eta\,(1-\zeta b)+\zeta\,(1-\eta b)\}\,(1-\xi b)=(1-\eta b)\,(1-\zeta b)\,\xi, \end{array}\right.$$

nousaurons

$$
(4) \qquad \left\{
\begin{aligned}
b &= \frac{1}{\xi} \pm \frac{\sqrt{\eta\zeta\,(\xi-\eta)(\xi-\zeta)}}{\xi\eta\zeta},\\
a &= \quad \mp \frac{\sqrt{\eta\zeta\,(\xi-\eta)(\xi-\zeta)}}{\xi\eta\zeta}.
\end{aligned}
\right.
$$

Pour que les quantités a est b soient réelles, au cas où toutes trois racines de l'équation $X=0$ sont réelles, il faut seulement que l'on ait

$$
\xi \left\{ \begin{array}{l} > \eta, \\ > \zeta, \end{array} \right.
$$

ou

$$
\xi \left\{ \begin{array}{l} < \eta, \\ < \zeta. \end{array} \right.
$$

Si deux racines sont imaginaires, on choisira ξ pour la racine réelle. En effet les hypothèses

$$
\left\{ \begin{array}{l} \eta = p + \sqrt{-1}\,q, \\ \zeta = p - \sqrt{-1}\,q, \end{array} \right.
$$

nous conduisent aux valeurs positives

$$
\left\{ \begin{aligned} \eta\zeta &= p^2+q^2, \\ (\xi-\eta)\,(\xi-\zeta) &= (\xi-p)^2 + q^2. \end{aligned} \right.
$$

18. Dans la différetielle

$$(1) \qquad dz = \frac{dx}{\sqrt{1-x}\,\sqrt{1-x\cos^2\alpha}\,\sqrt{1-x\sin^2\alpha}},$$

substituons

$$\frac{F(u)}{f(u)}$$

pour la variable x. Nous obtenons

$$(2) \qquad dz = \frac{\{f(u)\,F'(u) - F(u)\,f'(u)\}\,du}{\sqrt{f(u)}\,\sqrt{f(u) - F(u)}\,\sqrt{f(u) - F(u)\cos^2\alpha}\,\sqrt{f(u) - F(u)\sin^2\alpha}}.$$

En faisant

$$(3) \qquad \begin{cases} f(u)\,\{f(u) - F(u)\}\,\{f(u) - F(u)\cos^2\alpha\}\,\{f(u) - F(u)\sin^2\alpha\} = \\ = p(u)\,\{A + Bu + Cu^2 + Du^3\} \end{cases}$$

et en supposant $F(u)$ et $f(u)$ des fonctions entières de u:

$$(4) \qquad \begin{cases} F(u) = a_0 + a_1 u + \ldots + a_m u_m, \\ f(u) = b_0 + b_1 u + \ldots + b_n u_n, \end{cases}$$

distingueons les trois cas

$$m > n,$$
$$m < n,$$
$$m = n.$$

Au cas où $m > n$, p (u) est de $\{3(m-1) + n\}$ ième degré. Au cas où $m < n$, p (u) est de $(4n-3)$ ième degré. Si $m=n$, nous distingueons deux cas nouveaux. Cas premier

$$b_n = a_m \text{ ou } b_n = a_m \cos^2\alpha \text{ ou } b_n = a_m \sin^2\alpha.$$

Dans ce cas, r étant des nombres $1, 2, \ldots, n-1$, en général p(u) est du degré $3(n-1) + r$. Dans le cas opposé p(u) est du degré $4n-3$. Or, pour que la différentielle (2) ne diffère que d'une constante, de la différentielle *(1)*, il faut que la fraction

$$(5) \qquad \frac{f(u)\,F'(u) - F(u)\,f'(u)}{\sqrt{p(u)}}$$

soit une constante, et, comme son numérateur est une fonction entière de la variable u, il faut en premier lieu que p(u) soit une fonction de degré pair. Ainsi le cas $m < n$ et le cas deuxième du cas $m = n$ sont exclus. Quant au cas $m > n$, à ce cas le numérateur de la fraction (5) est de $(m+n-1)$ ième degré, par conséquent, pour que cette fraction puisse être une constante, $3(m-1) + n$ doit être égal à $2(m+n-1)$, on a donc

$$(6) \qquad n = m-1.$$

Au cas premier du cas $m=n$, nous avons

$$f(u)\,F'(u) - F(u)\,f'(u) = (n-r)\,(a_r\,b_n - a_n\,b_r)\,u^{n+r-1} + \ldots$$

Si $b_n = \mu\,a_n$ puisque $b_r \gtrless \mu\,a_r$, le coefficient $a_r\,b_n - a_n\,b_r$ ne peut s'annuller parce que

$$a_r\,b_n - a_n\,b_r = a_n\,(\mu\,a_r - b_r).$$

Ainsi actuellement le numérateur de la fraction (5) est du degré $n+r-1$, et $3(n-1) + r$ doit être égal à $2(n+r-1)$ d'où

(7) $$r = n - 1.$$

Posons

$$\mathrm{p}(u) = (u-s_1)^2 (u-s_2)^2 \ldots (u-s_h)^2 (u-s_{h+1})^2 \ldots (u-s_l)^2.$$

Si $\mathrm{F}(u)$ et $\mathrm{f}(u)$ n'ont pas des facteurs communs, $(u-s_h)$ est contenu seulement dans un des quatre facteurs du premier membre de l'identité (3). Après cette remarque considérons les identités remarquables

$$\left\{\begin{aligned} & \mathrm{f}(u)\,\mathrm{F}'(u) - \mathrm{F}(u)\,\mathrm{f}'(u) = \\ & = \mathrm{f}'(u)\{\mathrm{f}(u) - \mathrm{F}(u)\} - \mathrm{f}(u)\frac{\mathrm{d}\{\mathrm{f}(u) - \mathrm{F}(u)\}}{\mathrm{d}u} = \\ & = \sec^2\alpha\left[\mathrm{f}'(u)\{\mathrm{f}(u) - \mathrm{F}(u)\cos^2\alpha\} - \mathrm{f}(u)\frac{\mathrm{d}\{\mathrm{f}(u) - \mathrm{F}(u)\cos^2\alpha\}}{\mathrm{d}u}\right] = \\ & = \operatorname{cosec}^2\alpha\left[\mathrm{f}'(u)\{\mathrm{f}(u) - \mathrm{F}(u)\sin^2\alpha\} - \mathrm{f}(u)\frac{\mathrm{d}\{\mathrm{f}(u) - \mathrm{F}(u)\sin^2\alpha\}}{\mathrm{d}u}\right]. \end{aligned}\right.$$

Comme les facteurs doubles d'une fonction, après une derivation deviennent des facteurs simples, conformément à ces identités, tous les facteurs doubles des quatre facteurs du premier membre de l'identité (3), et par conséquent, tous les facteurs de la fonction $\mathrm{p}(u)$ sont contenus, en facteurs simples, dans le numérateur de la fraction (5). Ce numérateur étant d'un autre côté d'un degré égal à celui de $\sqrt{\mathrm{p}(u)}$, jusqu' à une constante, les facteurs de l'un, coïncident, avec les facteurs de l'autre et la fraction (5) est une quantité constante.

VII. Exemples de la transformation.

19. Si l'on fait

$$(u)_0 = \frac{2\,(x)_1 \cos\alpha}{(x)_1 \cos\alpha + (x)_2} \tag{1}$$

et que l'on suppose $(x)_0$ entre 0 et 1 on a

$$(2)\quad \left\{ \begin{aligned} (x)_0 &= 1 - \frac{1}{4}\ \mathrm{tang}^2\alpha\ \frac{(u)_0^{\ 2}}{(u)_1^{\ 2}}, \\ \mathrm{d}\,(x)_0 &= -\frac{1}{2}\ \mathrm{tang}^2\alpha\ \frac{(u)_0\ \{1 + (u)_1^{\ 2}\}}{(u)_1^{\ 4}}\ \mathrm{d}\,(u)_0\,, \\ (x)_1 &= \frac{1}{2}\ \mathrm{tang}\alpha\ \frac{(u)_0}{(u)_1}, \\ (x)_2 &= \frac{1}{2}\ \sin\alpha\ \frac{1 + (u)_1^{\ 2}}{(u)_1}, \\ (x)_3 &= \cos\alpha\ \frac{1}{(u)_1} \sqrt{1 - \frac{1}{2}\left(1 + \frac{\sqrt{\cos 2\alpha}}{\cos^2\alpha}\right)(u)_0}\ \sqrt{1 - \frac{1}{2}\left(1 - \frac{\sqrt{\cos 2\alpha}}{\cos^2\alpha}\right)(u)_0}\,, \end{aligned} \right.$$

par conséquent, en mettant

$$(3)\qquad \begin{cases} \dfrac{1}{2}\left(1+\dfrac{\sqrt{\cos 2\alpha}}{\cos^2\alpha}\right)=\cos^2\beta \\[2ex] \dfrac{1}{2}\left(1-\dfrac{\sqrt{\cos 2\alpha}}{\cos^2\alpha}\right)=\sin^2\beta \end{cases}$$

on a

$$(4)\qquad \frac{\mathrm{d}\,(x)_0}{(x)_1\ (x)_2\ (x)_3}=-\sec^2\alpha\,\frac{\mathrm{d}\,(\beta,u)_0}{(\beta,u)_1\ (\beta,u)_2\ (\beta,u)_3}.$$

Écrivons

$$(5)\qquad \begin{cases} x=|\alpha,\ (x)_0|, \\ u=|\beta,\ (\beta,\ u)_0| \end{cases}$$

L'équation (4) nous fournit

$$\begin{cases} |\alpha,(x)_0| = \sec^2\alpha\ \left|\beta,\ 2\cot\alpha\ \mathrm{tang}\,\dfrac{\alpha}{2}\right| - \sec^2\alpha\ \left|\beta,\ \dfrac{2\,(x)_1\ \cos\alpha}{(x)_1\cos\alpha+(x)_2}\right|, \\[2ex] \sec^2\alpha\ \left|\beta,\ 2\cot\alpha\ \mathrm{tang}\,\dfrac{\alpha}{2}\right| = |\alpha,\ 1| = \Theta. \end{cases}$$

Ainsi nous avons

$$(6)\qquad \sec^2\alpha\ \left|\beta,\ \frac{2\,(x)_1\ \cos\alpha}{(x)_1\ \cos\alpha+(x)_2}\right| = \Theta - |\alpha_1\ (x)_0|$$

où en vertu de la relation (3)

$$\sin 2\beta = \text{tang}\,^2\alpha.$$

20. Or

$$\left\{\begin{aligned}(\Theta - x)_1 &= \frac{1}{(x-\Theta)_1} = \frac{1}{(x+3\Theta)_1} = \frac{(x)_0 \sin\alpha \cos\alpha}{(x)_2\,(x)_3 + (x)_1},\\ (\Theta - x)_2 &= \frac{(x-\Theta)_3}{(x-\Theta)_1} = -\frac{(x+3\Theta)_3}{(x+3\Theta)_1} = \frac{(x)_3 + (x)_1\,(x)_2}{(x)_2\,(x)_3 + (x)_1}\sin\alpha.\end{aligned}\right.$$

Par conséquent si

$$\text{(7)} \qquad \left\{\begin{aligned}(x)_1 &= \frac{(z)_0 \sin\alpha \cos\alpha}{(z)_2\,(z)_3 + (z)_1},\\ (x)_2 &= \frac{(z)_3 + (z)_1\,(z)_2}{(z)_2\,(z)_3 + (z)_1}\sin\alpha,\end{aligned}\right.$$

les intégrales $|\alpha, (x)_0|$ et $|\alpha, (z)_0|$ sont liées entre elles par la relation

$$|\alpha, (x)_0| + |\alpha, (z)_0| = \Theta,$$

alors comme

$$\text{(8)} \qquad \frac{2(x)_1 \cos\alpha}{(x)_1 \cos\alpha + (x)_2} = \frac{2(z)_0 \cos^2\alpha}{(z)_0 \cos^2\alpha + \{(z)_3 + (z)_1\,(z)_2\}},$$

de l'égalité 19, (6) il vient

$$(9)\qquad \left\{\begin{array}{l} |\alpha, (z)_0| = \sec^2\alpha \left|\beta, \dfrac{2\,(z)_0 \cos^2\alpha}{(z)_0 \cos^2\alpha + \{(z)_3 + (z)_1\,(z)_2\}}\right|, \\ \qquad\qquad\qquad \text{où } \sin 2\beta = \operatorname{tang}^2\alpha. \end{array}\right.$$

Pour $(z)_0 = 1$, l'expression (8) devient

$$\frac{2}{1 + \sec\alpha} < 1.$$

et, lorsque $(z)_0$ croît de 0 à 1, la valeur de l'expression (8) croît de 0 à $\dfrac{2}{1 + \sec\alpha}$. D un autre côté nous avons

$$\beta < \alpha.$$

En supposant constamment,

$$(10)\qquad 0 < (x)_0 < 1,$$

posons donc

$$(11)\qquad \left\{\begin{array}{ll} (\alpha_1, x_1)_0 = \dfrac{2\,(x)_0 \cos^2\alpha}{(x)_0 \cos^2\alpha + \{(x)_3 + (x)_1\,(x)_2\}}, & \sin 2\alpha_1 = \operatorname{tang}^2\alpha. \\ (\alpha_2, x_2)_0 = \dfrac{2\,(\alpha_1, x_1)_0 \cos^2\alpha_1}{(\alpha_1, x_1)_0 \cos^2\alpha + \{(\alpha_1, x_1)_3 + (\alpha_1, x_1)_1\,(\alpha_1, x_1)_2\}}, & \sin 2\alpha_2 = \operatorname{tang}^2\alpha_1. \\ (\alpha_3, x_3)_0 = \dfrac{2\,(\alpha_2, x_2)_0 \cos^2\alpha_2}{(\alpha_2, x_2)_0 \cos^2\alpha + \{(\alpha_2\, x_2)_3 + (\alpha_2, x_2)_1\,(\alpha_2, x_2)_2\}}, & \sin 2\alpha_3 = \operatorname{tang}^2\alpha_2. \\ \ldots\ldots\ldots\ldots\ldots\ldots\ldots\ldots\ldots\ldots\ldots\ldots\ldots\ldots & \\ \ldots\ldots\ldots\ldots\ldots\ldots\ldots\ldots\ldots\ldots\ldots\ldots\ldots\ldots, & \end{array}\right.$$

4

nous aurons

$$(12) \qquad -|\alpha,(x)_0| = 2\sec^2\alpha\,\{\sec^2\alpha_1\,\sec^2\alpha_2\,\dots\,\sec^2\alpha_{n-1}\log(\alpha_n,\,x_n)_1\}_{n=\infty}$$

et le module α diminue très rapidement, même quand sa valeur initiale ne diffère pas beaucoup de $\frac{\pi}{4}$.

En conséquence de la troisième des relations (2) et de la première des relations (7), la première colonne de (11) peut s'écrire

$$(13) \qquad \left\{\begin{array}{l} \dfrac{(\alpha_1,x_1)_0}{(\alpha_1,x_1)_1} = 2\,\dfrac{(x)_0\,\cos^2\alpha}{(x)_2\,(x)_3 + (x)_1}, \\ \dfrac{(\alpha_2,x_2)_0}{(\alpha_2,x_2)_1} = 2\,\dfrac{(\alpha_1,x_1)_0\,\cos^2\alpha_1}{(\alpha_1,x_1)_2\,(\alpha_1,x_1)_3 + (\alpha_1,x_1)_1}, \\ \dfrac{(\alpha_3,x_3)_0}{(\alpha_3,x_3)_1} = 2\,\dfrac{(\alpha_2,x_2)_0\,\cos^2\alpha_2}{(\alpha_2,x_2)_2\,(\alpha_2,x_2)_3 + (\alpha_2,x_2)_1}, \\ \dots\dots\dots\dots\dots\dots\dots\dots \\ \dots\dots\dots\dots\dots\dots\dots\dots \end{array}\right.$$

d'où l'on fait aisément la conclusion qu' à la condition (10)

$$(14) \qquad (x)_0 > (\alpha_1,x_1)_0 > (\alpha_2,x_2)_0 > \dots\dots$$

21. Si $(x)_0$ est compris entre 0 et $\sec^2\alpha$, par la substitution

$$(1)\qquad \begin{cases} (\beta, y)_0 = 1 - \dfrac{(x)_1^{\,2}\,(x)_2^{\,2}}{(x)_3^{\,2}}, \\ \sin^2\beta = \operatorname{tang}^2\alpha, \end{cases}$$

l'intégrale $|\beta, (\beta, y)_0|$ c'est à dire

$$(2)\qquad \int_0^{(\beta, y)_0} \frac{dz}{\sqrt{1-z}\,\sqrt{1-\frac{1}{2}\left(1+\frac{\sqrt{\cos 2\alpha}}{\cos^2\alpha}\right)z}\,\sqrt{1-\frac{1}{2}\left(1-\frac{\sqrt{\cos 2\alpha}}{\cos^2\alpha}\right)z}}$$

se transforme en

$$(3)\qquad 2\cos^2\alpha \int_0^{(x)_0} \frac{d\,(x)_0}{(x)_1\,(x)_2\,(x)_3}.$$

Car, $(x)_0$ variant entre 0 et $\sec^2\alpha$, nous avons

$$(4)\qquad \begin{cases} d\,(\beta, y)_0 = 2\cos^2\alpha\,\dfrac{1}{(x)_3^4}\left\{1-\dfrac{1+\sqrt{\cos 2\alpha}}{2}(x)_0\right\}\left\{1-\dfrac{1-\sqrt{\cos 2\alpha}}{2}(x)_0\right\} d\,(x)_0, \\ (\beta, y)_1 = \dfrac{(x)_1\,(x)_2}{(x)_3}, \end{cases}$$

$$
(4)\quad \begin{cases} (\beta, y)_2 = \dfrac{1 - \dfrac{1+\sqrt{\cos 2\alpha}}{2}\,(x)_0}{(x)_3}, \\[2ex] (\beta, y)_3 = \dfrac{1 - \dfrac{1-\sqrt{\cos 2\alpha}}{2}\,(x)_0}{(x)_3}. \end{cases}
$$

On a donc

$$
(5)\quad \begin{cases} |\alpha_1\ (x)_0| = \dfrac{1}{2}\sec^2\alpha \left|\beta,\ 1 - \dfrac{(x)_1{}^2\,(x)_2{}^2}{(x)_3{}^2}\right|, \\ \qquad \text{où } \sin 2\beta = \operatorname{tang}^2\alpha, \end{cases}
$$

et, en posant

$$
(6)\quad \begin{cases} (\alpha_1, x_1)_1 = \dfrac{(x)_1\ (x)_2}{(x)_3}, & \sin 2\,\alpha_1 = \operatorname{tang}^2\alpha, \\[1.5ex] (\alpha_2, x_2)_1 = \dfrac{(\alpha_1, x_1)_1\ (\alpha_1, x_1)_2}{(\alpha_1, x_1)_3}, & \sin 2\,\alpha_2 = \operatorname{tang}^2\alpha_1, \\[1.5ex] (\alpha_3, x_3)_1 = \dfrac{(\alpha_2, x_2)_1\ (\alpha_2, x_2)_2}{(\alpha_2, x_2)_3}, & \sin 2\,\alpha_3 = \operatorname{tang}^2\alpha_2, \\ \cdots\cdots\cdots\cdots\cdots\cdots\cdots\cdots & \\ \cdots\cdots\cdots\cdots\cdots\cdots\cdots\cdots, & \end{cases}
$$

$$(7)\qquad 0 < (x)_0 < 1,$$

on aura

$$(8)\qquad -|\alpha,(x)_0| = \sec^2\alpha\left\{\frac{\sec^2\alpha_1}{2}\,\frac{\sec^2\alpha_2}{2}\,\ldots\,\frac{\sec^2\alpha_{n-1}}{2}\log(\alpha_n,x_n)_1\right\}_{n=\infty}.$$

Évidemment

$$(9)\qquad (x)_0 < (\alpha_1, x_1)_0 < (\alpha_2, x_2)_0 < \ldots\ldots$$

22. Si dans l'expression

$$(\beta, y)_0 = 1 - \frac{(x)_1^2\,(x)_2^2}{(x)_3^2}$$

$(x)_0$ croît de 0 à 1, $(\beta, y)_0$ croît de même de 0 à 1. Si $(x)_0$ croît de 1 à

$$\frac{2}{1+\sqrt{\cos 2\alpha}},$$

$(\beta, y)_0$ croît de 1 à

$$\frac{2}{1+\dfrac{\sqrt{\cos 2\alpha}}{\cos^2\alpha}} = \sec^2\beta$$

et $(x)_0$ croissant de

$$\frac{2}{1+\sqrt{\cos 2\alpha}}$$

$\sec^2\alpha$, $(\beta, y)_0$ diminue de $\sec^2\beta$ à 1.

Ainsi de l'égalité (5) on conclut

(10)
$$\begin{cases} \Theta_\beta = 2\cos^2\alpha\, \Theta, \\ \Theta'_\beta = \cos^2\alpha\, \Theta'. \end{cases}$$

Remarqueons encore qu'en conséquence de l'article 20, les expressions

$$(\beta, \varphi)_0 = \frac{2\,(x)_0 \cos^2\alpha}{(x)_0 \cos^2\alpha + \{(x)_3 + (x)_1 (x)_2\}},$$

$$(\beta, \psi)_0 = 1 - \frac{(x)_1^{\,2}\,(x)_2^{\,2}}{(x)_3^{\,2}},$$

doivent être liées entre elles par une relation accordante avec les formules 5, (1), car on a $\psi = 2\varphi$. Il est facile d'en s'assurer directement.

23. En posant

(1)
$$\operatorname{tang}^2\beta = \frac{\sqrt{\cos 2\alpha}}{\cos^2\alpha}$$

ou bien

(2)
$$\operatorname{tang}^2\alpha = \frac{\sqrt{\cos 2\beta}}{\cos^2\beta},$$

puis

(3)
$$(\beta, u)_0 = 1 + \frac{(x)_3^2}{\sqrt{\cos 2\alpha}}$$

ou bien

$$(4) \qquad (x)_0 = 1 + \frac{(\beta, u)_3^2}{\sqrt{\cos 2\beta}},$$

supposons que $(\beta, u)_0$ varie de 1 à $\sec^2\beta$, nous aurons

$$(5) \qquad \left\{ \begin{aligned} d\,(x)_0 &= -\frac{\sqrt{\cos 2\alpha}}{\sin^2\alpha}\, d\,(\beta, u)_0, \\ (x)_1 &= \frac{\sqrt{\cos^2\alpha + \sqrt{\cos 2\alpha}}}{\sin\alpha} \sqrt{-1}\,(\beta, u)_3, \\ (x)_2 &= \frac{\sqrt[4]{\cos 2\alpha}\,\sqrt{\cos^2\alpha + \sqrt{\cos 2\alpha}}}{\sin\alpha} \sqrt{-1}\,(\beta, u)_2, \\ (x)_3 &= -\sqrt[4]{\cos 2\alpha}\,\sqrt{-1}\,(\beta, u)_1, \end{aligned} \right.$$

qui donnent

$$(6) \qquad \cos^2\alpha \int_{\operatorname{cosec}^2\alpha}^{\sec^2\alpha} \frac{d\,(x)_0}{(x)_1\,(x)_2\,(x)_3} = \sqrt{-1}\,\cos^2\beta \int_1^{\sec^2\beta} \frac{d\,(\beta, u)_0}{(\beta, u)_1\,(\beta, u)_2\,(\beta, u)_3}$$

par conséquent à cause des articles 8 et 9,

$$\cos^2\alpha \int_0^1 \frac{d\,(x)_0}{(x)_1\,(x)_2\,(x)_3} = \sqrt{-1}\,\frac{\cos^2\beta}{2} \int_1^{\sec^2\beta} \frac{d\,(\beta, u)_0}{(\beta, u)_1\,(\beta, u)_2\,(\beta, u)_3},$$

c' est à dire

$$\text{(7)} \qquad \operatorname{mod} \Theta'_\beta = 2 \left(\frac{\cos\alpha}{\cos\beta}\right)^2 \Theta.$$

En outre on trouvera

$$\text{(8)} \qquad \cos^2\alpha \int_0^1 \frac{\mathrm{d}(x)_0}{(x)_1\,(x)_2\,(x)_3} = \sqrt{-1}\cos^2\beta \int_{\frac{1+\sqrt{\cos 2\beta}}{\sin^2\beta}}^{\operatorname{cosec}^2\beta} \frac{\mathrm{d}(\beta,u)_0}{(\beta,u)_1\,(\beta,u)_2\,(\beta,u)_3}.$$

Ainsi

$$\text{(9)} \qquad \left\{\begin{aligned} \int_{\operatorname{cosec}^2\beta}^{\frac{1+\sqrt{\cos 2\beta}}{\sin^2\beta}} \frac{\mathrm{d}(\beta,u)_0}{(\beta,u)_1\,(\beta,u)_2\,(\beta,u)_3} &= -\frac{1}{2}\int_1^{\sec^2\beta} \frac{\mathrm{d}(\beta,u)_0}{(\beta,u)_1\,(\beta,u)_2\,(\beta,u)_3} = \\ &= -\frac{1}{2}\,\Theta'_\beta. \end{aligned}\right.$$

Or en vertu des valeurs fondamentales de l'intégrale

$$|\beta, \operatorname{cosec}^2\beta| = \Theta_\beta + \Theta'_\beta - 2\Theta_\beta = \Theta'_\beta - \Theta_\beta,$$

par conséquent,

$$\text{(10)} \qquad \left|\beta, \frac{1+\sqrt{\cos 2\beta}}{\sin^2\beta}\right| = \frac{1}{2}\Theta'_\beta - \Theta_\beta.$$

Ainsi, il faut que l'on ait

(11) $$\left(\beta, \frac{1}{2}\Theta'_\beta - \Theta_\beta\right)_0 = \frac{1+\sqrt{\cos 2\beta}}{\sin^2\beta}$$

de même

$$\left(\frac{1}{2}\Theta' - \Theta\right)_0 = \frac{1+\sqrt{\cos 2\alpha}}{\sin^2\alpha}$$

et, moyennant les valeurs des fonctions $\left(\frac{\Theta'}{2}\right)_1, \left(\frac{\Theta'}{2}\right)_2, \left(\frac{\Theta'}{2}\right)_3$ (article 14) et la formule

$$(z-\Theta)_0 = (z+3\Theta)_0 = -\frac{2\,(z)_1}{(z)_2\;(z)_3 - (z)_1}$$

on en s'assure directement.

Remarqueons enfin

(12) $$\int_{\frac{1+\sqrt{\cos 2\beta}}{\sin^2\beta}}^{\infty} \frac{d\,(\beta, u)_0}{(\beta, u)_1\;(\beta, u)_2\,(\beta, u)_3} = -\frac{1}{2}\,\Theta'_\beta.$$

VIII. Relations entre les quatre fonctions et les fonctions elliptiques.

24. Revenons sur l'égalité

$$(1) \quad \int_0^q \frac{dq}{\sqrt{1-q^2}\,\sqrt{1-q^2 \operatorname{tang}^4\alpha}} = \sqrt{-1}\,\frac{\cos^2\alpha}{2}\int_1^p \frac{dp}{\sqrt{1-p}\,\sqrt{1-p\cos^2\alpha}\,\sqrt{1-p\sin^2\alpha}}$$

où

$$(2) \quad q = -\sqrt{-1}\,\sqrt{1-p}\,\cot\alpha.$$

En faisant usage des abréviations

$$\int_0^q \frac{dq}{\sqrt{1-q^2}\,\sqrt{1-q^2\operatorname{tang}^4\alpha}} = \mathrm{F}(q) = y,$$

$$\int_0^p \frac{dp}{\sqrt{1-p}\,\sqrt{1-p\cos^2\alpha}\,\sqrt{1-p\sin^2\alpha}} = \mathrm{f}(p) = x,$$

nous avons

$$(3) \quad \mathrm{F}(1) = \omega = \sqrt{-1}\,\frac{\cos^2\alpha}{2}\left\{\mathrm{f}(\sec^2\alpha) - \mathrm{f}(1)\right\} = \sqrt{-1}\,\frac{\cos^2\alpha}{2}\,\Theta',$$

$$(4) \quad \mathrm{F}(\cot^2\alpha) - \mathrm{F}(1) = \omega' = \sqrt{-1}\,\frac{\cos^2\alpha}{2}\left\{\mathrm{f}(\operatorname{cosec}^2\alpha) - \mathrm{f}(\sec^2\alpha)\right\} = -\sqrt{-1}\,\cos^2\alpha\,\Theta;$$

$$(5) \quad \begin{cases} \mathrm{F}(q) = y = \sqrt{-1}\,\dfrac{\cos^2\alpha}{2}\left\{\mathrm{f}(p) - \mathrm{f}(1)\right\} = \sqrt{-1}\,\dfrac{\cos^2\alpha}{2}(x-\Theta) = \\ \qquad = \dfrac{1}{2}\left(\sqrt{-1}\,\cos^2\alpha\, x + \omega'\right). \end{cases}$$

25. Des relations (2) et (5) de l'article précédent suit

$$\sin \operatorname{am}\left(\sqrt{-1}\,\frac{\cos^2\alpha}{2}(x-\Theta)\right) = -\sqrt{-1}\,(x)_1 \cot\alpha \tag{1}$$

ou

$$\sin \operatorname{am}\left(\sqrt{-1}\,\frac{\cos^2\alpha}{2}\,x\right) = -\sqrt{-1}\,(x+\Theta)_1 \cot\alpha, \tag{2}$$

auquel se joignent

$$\cos \operatorname{am}\left(\sqrt{-1}\,\frac{\cos^2\alpha}{2}\,x\right) = (x+\Theta)_2 \operatorname{cosec}\alpha, \tag{3}$$

$$\Delta \operatorname{am}\left(\sqrt{-1}\,\frac{\cos^2\alpha}{2}\,x\right) = (x+\Theta)_3 \sec\alpha. \tag{4}$$

Ainsi, au moyen des formules convenables de l'article 12 on obtient

$$\left\{\begin{aligned} \sin \operatorname{am}\left(\sqrt{-1}\,\frac{\cos^2\alpha}{2}\,x\right) &= \sqrt{-1}\,\frac{(x)_2\,(x)_3 - (x)_1}{(x)_0 \sin^2\alpha} = \sqrt{-1}\,\frac{(x)_0 \cos^2\alpha}{(x)_2\,(x)_3 + (x)_1}, \\ \cos \operatorname{am}\left(\sqrt{-1}\,\frac{\cos^2\alpha}{2}\,x\right) &= \frac{(x)_2 - (x)_1\,(x)_3}{(x)_0 \sin^2\alpha} = \frac{(x)_3 + (x)_1\,(x)_2}{(x)_2\,(x)_3 + (x)_1}, \\ \Delta \operatorname{am}\left(\sqrt{-1}\,\frac{\cos^2\alpha}{2}\,x\right) &= \frac{(x)_3 - (x)_1\,(x)_2}{(x)_0 \cos^2\alpha} = \frac{(x)_2 + (x)_1\,(x)_3}{(x)_2\,(x)_3 + (x)_1}. \end{aligned}\right. \tag{5}$$

Au cas $\alpha = 0$ ces formules se réduisent à

$$
(6) \qquad \left\{
\begin{aligned}
&\sin\left(\sqrt{-1}\,\frac{1}{2}\,x\right) = \sqrt{-1}\,\frac{\frac{1}{(x)_1} - (x)_1}{2}, \\
&\cos\left(\sqrt{-1}\,\frac{1}{2}\,x\right) = \frac{\frac{1}{(x)_1} + (x)_1}{2}, \\
&\Delta\,\mathrm{am}\left(\sqrt{-1}\,\frac{1}{2}\,x\right) = 1.
\end{aligned}
\right.
$$

26. Les relations (2) et (5) de l'article 24 nous fournient aussi

$$
(1) \qquad (x)_1 = \sqrt{-1}\,\sin\mathrm{am}\left(\sqrt{-1}\,\frac{\cos^2\alpha}{2}\,x + \frac{\omega'}{2}\right)\mathrm{tang}\,\alpha
$$

de même

$$
(2) \qquad \left\{
\begin{aligned}
&\left(\sqrt{-1}\;2\sec^2\alpha\;x\right)_1 = \sqrt{-1}\,\sin\mathrm{am}\left(\frac{\omega'}{2} - x\right)\mathrm{tang}\,\alpha, \\
&\left(\sqrt{-1}\;2\sec^2\alpha\;x\right)_2 = \cos\mathrm{am}\left(\frac{\omega'}{2} - x\right)\sin\alpha, \\
&\left(\sqrt{-1}\;2\sec^2\alpha\;x\right)_3 = \Delta\,\mathrm{am}\left(\frac{\omega'}{2} - x\right)\cos\alpha.
\end{aligned}
\right.
$$

Or

$$\left\{\begin{aligned} \sin \operatorname{am} \frac{\omega'}{2} &= -\sqrt{-1} \cot \alpha, \\ \cos \operatorname{am} \frac{\omega'}{2} &= \operatorname{cosec} \alpha, \\ \Delta \operatorname{am} \frac{\omega'}{2} &= \sec \alpha, \end{aligned}\right.$$

et, par conséquent

$$\left\{\begin{aligned} \sin \operatorname{am}\left(\frac{\omega'}{2} - x\right) &= -\frac{\sec^2\alpha \sin \operatorname{am} x + \sqrt{-1} \cos \operatorname{am} x \,\Delta \operatorname{am} x}{1 + \operatorname{tang}^2\alpha \sin^2 \operatorname{am} x} \cot\alpha, \\ \cos \operatorname{am}\left(\frac{\omega'}{2} - x\right) &= \frac{\cos \operatorname{am} x - \sqrt{-1} \sin \operatorname{am} x \,\Delta \operatorname{am} x}{1 + \operatorname{tang}^2\alpha \sin^2 \operatorname{am} x} \operatorname{cosec}\alpha, \\ \Delta \operatorname{am}\left(\frac{\omega'}{2} - x\right) &= \frac{\Delta \operatorname{am} x - \sqrt{-1} \operatorname{tang}^2\alpha \sin \operatorname{am} x \cos \operatorname{am} x}{1 + \operatorname{tang}^2\alpha \sin^2 \operatorname{am} x} \sec\alpha, \end{aligned}\right.$$

d'où, à cause de (2)

$$
(3)\quad \begin{cases}
\left(\sqrt{-1}\;2\sec^2\alpha\;x\right)_1 = \dfrac{\cos\operatorname{am}x\;\Delta\operatorname{am}x - \sqrt{-1}\sec^2\alpha\sin\operatorname{am}x}{1+\operatorname{tang}^2\alpha\sin^2\operatorname{am}x}, \\[2ex]
\left(\sqrt{-1}\;2\sec^2\alpha\;x\right)_2 = \dfrac{\cos\operatorname{am}x - \sqrt{-1}\sin\operatorname{am}x\;\Delta\operatorname{am}x}{1+\operatorname{tang}^2\alpha\sin^2\operatorname{am}x}, \\[2ex]
\left(\sqrt{-1}\;2\sec^2\alpha\;x\right)_3 = \dfrac{\Delta\operatorname{am}x - \sqrt{-1}\operatorname{tang}^2\alpha\sin\operatorname{am}x\cos\operatorname{am}x}{1+\operatorname{tang}^2\alpha\sin^2\operatorname{am}x}.
\end{cases}
$$

Pour $\alpha=0$ ces relations deviennent

$$
(4)\quad \begin{cases}
(\sqrt{-1}\;2\;x)_1 = (\sqrt{-1}\;2\;x)_2 = \cos x - \sqrt{-1}\sin x, \\
(\sqrt{-1}\;2\;x)_3 = 1.
\end{cases}
$$

27. Comme $(u)_1\,(-u)_1 = 1,$

en vertu de la première des formules (3) de l'article précédent, il faut que l'on ait

$$
\frac{\cos^2\operatorname{am}x\;\Delta^2\operatorname{am}x + \sec^4\alpha\sin^2\operatorname{am}x}{(1+\operatorname{tang}^2\alpha\sin^2\operatorname{am}x)^2} = 1
$$

dont la vérification est très facile. $(u)_0$ étant égal à $1-(u)_1^{\,2}$, à l'aide de cette identité, de la formule de $(\sqrt{-1}\;2\sec^2\alpha\;x)_1$ on lit à l'instant

$$
(5)\quad \begin{cases}
(\sqrt{-1}\;2\sec^2\alpha\;x)_0 = 2\sec^2\alpha\sin\operatorname{am}x\;\dfrac{\sec^2\alpha\sin\operatorname{am}x + \sqrt{-1}\cos\operatorname{am}x\;\Delta\operatorname{am}x}{(1+\operatorname{tang}^2\alpha\sin^2\operatorname{am}x)^2} \\[2ex]
\qquad = \dfrac{2\sec^2\alpha\sin\operatorname{am}x}{\sec^2\alpha\sin\operatorname{am}x - \sqrt{-1}\cos\operatorname{am}x\;\Delta\operatorname{am}x}
\end{cases}
$$

Remarqueons enfin, que comme corollaire de 25, (5) on a

$$
(6)\quad \left\{
\begin{aligned}
&(x)_2 \cos \operatorname{am}\left(\sqrt{-1}\,\frac{\cos^2\alpha}{2}\,x\right) - \sqrt{-1}\,(x)_1 \sin \operatorname{am}\left(\sqrt{-1}\,\frac{\cos^2\alpha}{2}\,x\right) = 1,\\
&\cos^2\alpha\,(x)_3\,\Delta \operatorname{am}\left(\sqrt{-1}\,\frac{\cos^2\alpha}{2}\,x\right) - \sqrt{-1}\sin^2\alpha\,(x)_1 \sin \operatorname{am}\left(\sqrt{-1}\,\frac{\cos^2\alpha}{2}\,x\right) = \cos^2\alpha,\\
&\cos^2\alpha\,(x)_3\,\Delta \operatorname{am}\left(\sqrt{-1}\,\frac{\cos^2\alpha}{2}\,x\right) - \sin^2\alpha\,(x)_2 \cos \operatorname{am}\left(\sqrt{-1}\,\frac{\cos^2\alpha}{2}\,x\right) = \cos 2\alpha.
\end{aligned}
\right.
$$

IX. Développement de l'intégrale en série algébrique.

28. Si p et q sont compris entre $\sec^2\alpha$ et $\operatorname{cosec}^2\alpha$ alors nous avons

$$
(1)\quad \int_p^q \frac{dr}{\sqrt{1-r}\sqrt{1-r\cos^2\alpha}\sqrt{1-r\sin^2\alpha}} = -\int_p^q \frac{dr}{\sqrt{r-1}\sqrt{r\cos^2\alpha-1}\sqrt{1-r\sin^2\alpha}}.
$$

Écrivons

$$
(2)\quad \int_p^q \frac{dr}{\sqrt{r-1}\sqrt{r\cos^2\alpha-1}\sqrt{1-r\sin^2\alpha}} = \mathrm{f}(q,p).
$$

On a évidemment

$$
\mathrm{f}(q,p) = \int_p^q \frac{dr}{(r-1)\sqrt{1-\dfrac{r^2}{r-1}\,\dfrac{\sin^2 2\alpha}{4}}}
$$

qui par

$$r = \frac{1}{s}$$

devient

$$f(q, p) = \int_{\frac{1}{q}}^{\frac{1}{p}} \frac{ds}{s(1-s)\sqrt{1 - \frac{\sin^2 2\alpha}{4s(1-s)}}}$$

et, en faisant

$$\frac{1}{q} = \sin^2 \varepsilon, \ \frac{1}{p} = \sin^2 \tau, \ s = \sin^2 \varphi,$$

on aura

$$f(\operatorname{cosec}^2 \varepsilon, \ \operatorname{cosec}^2 \tau) = 4 \int_{\varepsilon}^{\tau} \frac{d\varphi}{\sin 2\varphi \sqrt{1 - \left(\frac{\sin 2\alpha}{\sin 2\varphi}\right)^2}}. \tag{3}$$

29. Ainsi donc que φ varie entre α et $\frac{\pi}{2} - \alpha$ (et après l'hypotèse $0 < \alpha < \frac{\pi}{4}$) nous avons

$$\frac{1}{\sqrt{1 - \left(\frac{\sin 2\alpha}{\sin 2\varphi}\right)^2}} = 1 + \frac{1}{2}\left(\frac{\sin 2\alpha}{\sin 2\varphi}\right)^2 + \frac{1.3}{2.4}\left(\frac{\sin 2\alpha}{\sin 2\varphi}\right)^4 + \frac{1.3.5}{2.4.6}\left(\frac{\sin 2\alpha}{\sin 2\varphi}\right)^6 + \dots \tag{4}$$

alors

$$(5)\quad \left\{\begin{aligned} & f(\operatorname{cosec}^2\varepsilon,\ \operatorname{cosec}^2\tau) = \\ & = 2\int_\varepsilon^\tau \frac{d\,2\varphi}{\sin 2\varphi}\left\{1 + \frac{1}{2}\left(\frac{\sin 2\alpha}{\sin 2\varphi}\right)^2 + \frac{1.3}{2.4}\left(\frac{\sin 2\alpha}{\sin 2\varphi}\right)^4 + \frac{1.3.5}{2.4.6}\left(\frac{\sin 2\alpha}{\sin 2\varphi}\right)^6 + \dots\right\}. \end{aligned}\right.$$

Or

$$\left\{\begin{aligned} & \int \frac{d\psi}{\sin^{2n+1}\psi} = \frac{2n-1}{2n}\,\frac{2n-3}{2n-2}\cdots\frac{3}{4}\,\frac{1}{2}\log\operatorname{tang}\frac{\psi}{2} \\ & -\frac{\cos\psi}{2n\,\sin^{2n}\psi}\left\{1 + \frac{2n-1}{2n-2}\sin^2\psi + \frac{2n-1}{2n-2}\,\frac{2n-3}{2n-2}\sin^4\psi + \dots\right. \\ & \qquad \left.\dots + \frac{2n-1}{2n-2}\,\frac{2n-3}{2n-4}\cdots\frac{3}{2}\sin^{2n-2}\psi\right\} + \text{Cons.}, \end{aligned}\right.$$

moyennant quoi (5) devient

$$(6)\left\{\begin{aligned} & f(\operatorname{cosec}^2\varepsilon,\ \operatorname{cosec}^2\tau) = \\ & = \left\{1 + \left(\frac{1}{2}\right)^2\sin^2 2\alpha + \left(\frac{1.3}{2.4}\right)^2\sin^4 2\alpha + \left(\frac{1.3.5}{2.4.6}\right)^2\sin^6 2\alpha + \dots\right\}\log\left(\frac{\operatorname{tang}\tau}{\operatorname{tang}\varepsilon}\right)^2 \\ & + \frac{1}{2}\left\{1 + \left(\frac{3}{4}\right)^2\sin^2 2\alpha + \left(\frac{3.5}{4.6}\right)^2\sin^4 2\alpha + \left(\frac{3.5.7}{4.6.8}\right)^2\sin^6 2\alpha + \dots\right\}\frac{\sin^2 2\alpha}{1}\left(\frac{\cos 2\varepsilon}{\sin^2 2\varepsilon} - \frac{\cos 2\tau}{\sin^2 2\tau}\right) + \end{aligned}\right.$$

$$
(6)\left\{\begin{array}{l}
+\dfrac{1.3}{2.4}\left\{1+\left(\dfrac{5}{6}\right)^2 \sin^2 2\alpha+\left(\dfrac{5.7}{6.8}\right)^2 \sin^4 2\alpha+\left(\dfrac{5.7.\ 9}{6.8.10}\right)^2 \sin^6 2\alpha+\ldots\right\}\dfrac{\sin^4 2\alpha}{2}\left(\dfrac{\cos 2\varepsilon}{\sin^4 2\varepsilon}-\dfrac{\cos 2\tau}{\sin^2 2\tau}\right) \\
+\dfrac{1.3.5}{2.4.6}\left\{1+\left(\dfrac{7}{8}\right)^2 \sin^2 2\alpha+\left(\dfrac{7.\ 9}{8.10}\right)^2 \sin^4 2\alpha+\left(\dfrac{7.\ 9.11}{8.10.12}\right)^2 \sin^6 2\alpha+\ldots\right\}\dfrac{\sin^6 2\alpha}{3}\left(\dfrac{\cos 2\varepsilon}{\sin^6 2\varepsilon}-\dfrac{\cos 2\tau}{\sin^6 2\tau}\right) \\
+\ \ldots\ldots\ldots\ldots
\end{array}\right.
$$

En introduisant les désignations

$$
(7)\left\{\begin{array}{ll}
1+\left(\dfrac{1}{2}\right)^2 \sin^2 2\alpha+\left(\dfrac{1.3}{2.4}\right)^2 \sin^4 2\alpha+\dfrac{1.3.5}{2.4.6} \sin^6 2\alpha+\ldots & = T_1, \\
\left\{1+\left(\dfrac{3}{4}\right)^2 \sin^2 2\alpha+\left(\dfrac{3.5}{4.6}\right)^2 \sin^4 2\alpha+\left(\dfrac{3.5.7}{4.6.8}\right)^2 \sin^6 2\alpha+\ldots\right\} \sin^2 2\alpha & = T_2, \\
\left\{1+\left(\dfrac{5}{6}\right)^2 \sin^2 2\alpha+\left(\dfrac{5.7}{6.8}\right)^2 \sin^4 2\alpha+\left(\dfrac{5.7.\ 9}{6.8.10}\right)^2 \sin^6 2\alpha+\ldots\right\} \sin^4 2\alpha & = T_3 \\
\ldots\ldots\ldots\ldots\ldots &
\end{array}\right.
$$

comme

$$\begin{cases} \text{tang}\,\varepsilon = \dfrac{1}{\sqrt{q-1}}, & \text{tang}\,\tau = \dfrac{1}{\sqrt{p-1}}, \\ \cos 2\varepsilon = \dfrac{q-2}{q}, & \cos 2\tau = \dfrac{p-2}{p}, \\ \text{cosec}^{2n}\, 2\varepsilon = \dfrac{q^{2n}}{2^{2n}(q-1)^n}, & \text{cosec}^{2n}\, 2\tau = \dfrac{p^{2n}}{2^{2n}(p-1)^n}, \end{cases}$$

nous aurons

$$(8) \qquad \begin{cases} \mathrm{f}(q,p) = T_1 \log \dfrac{q-1}{p-1} + \dfrac{1}{2}\left(\dfrac{1}{2}\right)^2 T_2 \left\{\dfrac{q(q-2)}{q-1} - \dfrac{p(p-2)}{p-1}\right\} \\ \qquad + \dfrac{1}{2}\cdot\dfrac{1.3}{2.4}\left(\dfrac{1}{2}\right)^4 T_3 \left\{\dfrac{q^3(q-2)}{(q-1)^2} - \dfrac{p^3(p-2)}{(p-1)^2}\right\} \\ \qquad + \dfrac{1}{3}\cdot\dfrac{1.3.5}{2.4.6}\left(\dfrac{1}{2}\right)^6 T_4 \left\{\dfrac{q^5(q-2)}{(q-1)^3} - \dfrac{p^5(p-2)}{(p-1)^3}\right\} + \dots \end{cases}$$

Remarqueons

5*

$$(9) \qquad T_{n+1} = (T_n - 1)\left(\frac{2n}{2n-1}\right)^2.$$

30. D'après l'article 8 on a

$$(10)\qquad \int_0^{(x)_0} \frac{\mathrm{d}\,(x)_0}{(x)_1\,(x)_2\,(x)_3} = -\int_{\frac{1+(x)_1{}^2}{(x)_3{}^2}}^{2} \frac{\mathrm{d}\,(u)_0}{(u)_1\,(u)_2\,(u)_3} = \mathrm{f}\left(2,\frac{1+(x)_1{}^2}{(x)_3{}^2}\right).$$

Écrivons donc

$$(11)\qquad q=2,\qquad p=\frac{1+(x)_1{}^2}{(x)_3{}^2}=1+\frac{(x)_2{}^2}{(x)_3{}^2}$$

dans l'expression (8), nous obtenons

$$(12)\quad \begin{cases} x=\displaystyle\int_0^{(x)_0}\frac{\mathrm{d}\,(x)_0}{(x)_1\,(x)_2\,(x)_3}=T_1\log\left(\frac{(x)_3}{(x)_2}\right)^2+ \\ +\left(\frac{1}{2}\right)^2\left\{\frac{(x)_3}{(x)_2}-\frac{(x)_2}{(x)_3}\right\}\left\{\frac{(x)_3}{(x)_2}+\frac{(x)_2}{(x)_3}\right\}\left\{\frac{1}{2}\,T_2+\frac{1}{2}\frac{1.3}{2.4}\,T_3\left(\frac{1}{2}\right)^2\left\{\frac{(x)_3}{(x)_2}+\frac{(x)_2}{(x)_3}\right\}^2\right. \\ \left.+\frac{1}{3}\frac{1.3.5}{2.4.6}\,T_4\left(\frac{1}{2}\right)^4\left\{\frac{(x)_3}{(x)_2}+\frac{(x)_2}{(x)_3}\right\}^4+\frac{1}{4}\frac{1.3.5.7}{2.4.6.8}\,T_5\left(\frac{1}{2}\right)^6\left\{\frac{(x)_3}{(x)_2}+\frac{(x)_2}{(x)_3}\right\}^6+\dots\right\}. \end{cases}$$

où, bien entendu

$$(13)\qquad 0<(x)_0<1,\qquad 0<\alpha<\frac{\pi}{4}.$$

Par

$$\frac{(x)_3}{(x)_2} = e^{\sigma} \tag{14}$$

la série se réduit à

$$\left\{\begin{aligned} x = 2T_1\sigma + \frac{\sin(\sqrt{-1}.\sigma)}{\sqrt{-1}} \cos(\sqrt{-1}.\sigma) \Big\{ & \frac{1}{2} T_2 + \frac{1}{2}\frac{1.3}{2.4} T_3 \cos^2(\sqrt{-1}.\sigma) \\ & + \frac{1}{3}\frac{1.3.5}{2.4.6} T_4 \cos^4(\sqrt{-1}.\sigma) + \frac{1}{4}\frac{1.3.5.7}{2.4.6.8} T_5 \cos^6(\sqrt{-1}.\sigma) + \ldots\ldots \Big\}. \end{aligned}\right. \tag{15}$$

X. Développement des quatre fonctions en séries entières.

31. Pour toute valeur de x de module inférieur à Θ, les quatre fonctions $(x)_1$, $(x)_2$, $(x)_3$, $(x)_0$ sont finies et toutes quatre deviennent infinies pour $x = -\Theta$. Ainsi, elles peuvent être développées en séries ordonnées suivant les puissances entières et croissantes de x dont la condition de la convergence est

$$\text{mod}\ x < \Theta. \tag{1}$$

De l'intégrale

$$\int_0^{(x)_0} \frac{d\,(x)_0}{(x)_1\,(x)_2\,(x)_3} = x \tag{2}$$

nous tirons

$$
(3)\quad\begin{cases}
-2\,\dfrac{\mathrm{d}\,(x)_1}{\mathrm{d}\,x} = (x)_2\,(x)_3 = \sqrt{\sin^2\alpha\cos^2\alpha + (x)_1{}^2(\sin^4\alpha + \cos^4\alpha) + (x)_1{}^4\sin^2\alpha\cos^2\alpha}\,, \\[2ex]
4\,\dfrac{\mathrm{d}^2(x)_1}{\mathrm{d}\,x^2} = (x)_1\,(\sin^4\alpha + \cos^4\alpha) + 2\,(x)_1{}^3\sin^2\alpha\cos^2\alpha\,, \\[2ex]
4\,\dfrac{\mathrm{d}^3(x)_1}{\mathrm{d}\,x^3} = \dfrac{\mathrm{d}\,(x)_1}{\mathrm{d}\,x}\,(\sin^4\alpha + \cos^4\alpha) + 6\,(x)_1{}^2\,\dfrac{\mathrm{d}\,(x)_1}{\mathrm{d}\,x}\,\sin^2\alpha\cos^2\alpha\,, \\[2ex]
\ldots \qquad\qquad \ldots\ldots\ldots
\end{cases}
$$

$$
(4)\quad\begin{cases}
-2\,\dfrac{\mathrm{d}\,(x)_2}{\mathrm{d}\,x} = (x)_1\,(x)_3\cos^2\alpha = \sqrt{-\cos 2\alpha\sin^2\alpha + (x)_2{}^2\,(\cos 2\alpha - \sin^4\alpha) + (x)_2{}^4\sin^2\alpha} \\[2ex]
4\,\dfrac{\mathrm{d}^2(x)_2}{\mathrm{d}\,x^2} = (x)_2\,(\cos 2\alpha - \sin^4\alpha) + 2\,(x)_2{}^3\sin^2\alpha\,, \\[2ex]
4\,\dfrac{\mathrm{d}^3(x)_2}{\mathrm{d}\,x^3} = \dfrac{\mathrm{d}\,(x)_2}{\mathrm{d}\,x}\,(\cos 2\alpha - \sin^4\alpha) + 6\,(x)_2{}^2\,\dfrac{\mathrm{d}\,(x)_2}{\mathrm{d}\,x}\,\sin^2\alpha\,, \\[2ex]
\ldots \qquad\qquad \ldots\ldots\ldots
\end{cases}
$$

$$
(5)\quad \begin{cases} -2\,\dfrac{d(x)_3}{dx} = (x)_1\,(x)_2\,\sin^2\alpha = \sqrt{\cos 2\alpha\,\cos^2\alpha - (x)_3^{\,2}\,(\cos 2\alpha + \cos^4\alpha) + (x)_2^{\,4}\,\cos^2\alpha}\,, \\[2ex] 4\,\dfrac{d^2(x)_3}{dx^2} = -\,(x)_3\,(\cos 2\alpha + \cos^4\alpha) + 2\,(x)_3^{\,3}\,\cos^2\alpha, \\[2ex] 4\,\dfrac{d^3(x)_3}{dx^3} = -\,\dfrac{d(x)_3}{dx}\,(\cos 2\alpha + \cos^4\alpha) + 6\,(x)_3^{\,2}\,\dfrac{d(x)_3}{dx}\,\cos^2\alpha, \\ \ldots \qquad \ldots\ldots\ldots \qquad . \end{cases}
$$

Ces formules se compliquent promptement. A cause de cette circonstance nous nous servirons d'une célèbre méthode, essentiellement appliqué aux fonctions elliptiques, et due à M. Hermite. Les bases nous avons dèja posé dans l'article 21.

32. En conséquence de l'article précédent on aura d'abord

$$
(1)\quad \begin{cases} (0)_3' = -\dfrac{1}{2}\,\sin^2\alpha, \\[2ex] (0)_3'' = \dfrac{1}{4}\,\sin^2\alpha\,(1 + \cos^2\alpha), \end{cases}
$$

(1) $$\begin{cases} (0)_3''' = -\frac{1}{8}\sin^2\alpha\,(1+4\cos^2\alpha - \cos^4\alpha), \\ (0)_3^{(4)} = \frac{1}{16}\sin^2\alpha\,(1+17\cos^2\alpha - 9\cos^4\alpha - \cos^6\alpha), \\ \ldots \qquad \ldots\ldots\ldots \end{cases}$$

Et, comme il est facile de l'apercevoir, pour $x=0$, la $n^{\text{ième}}$ dérivée est de la forme

(2) $$(0)_3^{(n)} = \left(-\frac{1}{2}\right)^n \sin^2\alpha\,(1+a_1\cos^2\alpha + a_2\cos^4\alpha + \ldots + a_{n-1}\cos^{2n-2}\alpha)$$

où a_1, a_2, ... sont des nombres entiers et en particulier

(3) $$a_{n-1} = \cos\frac{(n-1)\pi}{2} + \sin\frac{(n-1)\pi}{2}.$$

Posons

(4) $$(0)_3^{(n)} = \left(\frac{1}{2}\right)^n \sin^2\alpha\,\mathrm{H}_n(\cos^2\alpha);$$

en outre nous aurons

(5) $$(0)_2^{(n)} = \left(\frac{1}{2}\right)^n \cos^2\alpha\,\mathrm{H}_n(\sin^2\alpha).$$

Or de l'article 21 suit

$$\left\{\begin{aligned}(\beta, y)_2 &= \left(\text{arc tang}\ \frac{\cos^2\alpha - \sqrt{\cos 2\alpha}}{\sin^2\alpha},\ 2x\cos^2\alpha\right)_2 = \\ &= \frac{2 - (x)_0 - (x)_0\sqrt{\cos 2\alpha}}{2\,(x)_3},\end{aligned}\right.$$

$$\left\{\begin{aligned}(\beta, y)_3 &= \left(\text{arc tang}\ \frac{\cos^2\alpha - \sqrt{\cos 2\alpha}}{\sin^2\alpha},\ 2x\cos^2\alpha\right)_3 = \\ &= \frac{2 - (x)_0 + (x)_0\sqrt{\cos 2\alpha}}{2\,(x)_3}\end{aligned}\right.$$

d'où

$$(\beta, y)_3\,(1 + \sqrt{\cos 2\alpha}) + (\beta, y)_2\,(1 - \sqrt{\cos 2\alpha}) = 2\,(x)_3\,,$$

par conséquent, comme

$$\left\{\begin{aligned}\sin^2\beta &= \frac{\cos^2\alpha - \sqrt{\cos 2\alpha}}{2\cos^2\alpha},\\ \cos^2\beta &= \frac{\cos^2\alpha + \sqrt{\cos 2\alpha}}{2\cos^2\alpha},\\ y &= 2x\cos^2\alpha,\end{aligned}\right.$$

nous avons évidemment

$$\left\{\begin{aligned} &\left(\frac{1}{2}\right)^n \frac{\cos^2\alpha - \sqrt{\cos 2\alpha}}{2\cos^2\alpha}\, H_n\left(\frac{\cos^2\alpha + \sqrt{\cos 2\alpha}}{2\cos^2\alpha}\right)(1+\sqrt{\cos 2\alpha})\,(2\cos^2\alpha)^n \\ &+\left(\frac{1}{2}\right)^n \frac{\cos^2\alpha + \sqrt{\cos 2\alpha}}{2\cos^2\alpha}\, H_n\left(\frac{\cos^2\alpha - \sqrt{\cos 2\alpha}}{2\cos^2\alpha}\right)(1-\sqrt{\cos 2\alpha})\,(2\cos^2\alpha)^n \\ &\qquad = 2\left(\frac{1}{2}\right)^n \sin^2\alpha\, H_n(\cos^2\alpha) \end{aligned}\right.$$

qui après quelques abréviations devient

$$(6)\left\{\begin{aligned} &(2\cos^2\alpha)^{n-1}\left\{(1-\sqrt{\cos 2\alpha})\, H_n\left(\frac{\cos^2\alpha + \sqrt{\cos 2\alpha}}{2\cos^2\alpha}\right) + (1+\sqrt{\cos 2\alpha})\, H_n\left(\frac{\cos^2\alpha - \sqrt{\cos 2\alpha}}{2\cos^2\alpha}\right)\right\} = \\ &\qquad = 2\, H_n(\cos^2\alpha). \end{aligned}\right.$$

En faisant ici $\alpha = 0$ on obtient à l'instant

$$(7)\qquad 1 + a_1 + a_2 + \ldots + a_{n+1} = 2^{n-1}.$$

Ainsi

$$(8)\qquad H_n(\cos^2\alpha) = (-1)^n\,(2^{n-1} + b_1 \sin^2\alpha + b_2 \sin^4\alpha + \ldots + b_{n-1} \sin^{2n-2}\alpha)$$

où b_1, b_2, ... sont des nombres entiers et en particulier

$$(9)\qquad b_{n-1} = \cos\frac{(n-1)\pi}{2} - \sin\frac{(n-1)\pi}{2}.$$

Désignons par $T_n(\sin^2\alpha)$ le deuxième membre de l'identité (8). La relation (6) peut s'écrire

$$(10)\quad \begin{cases} (2\cos^2\alpha)^{n-1}\left\{(1-\sqrt{\cos 2\alpha})\, T_n\left(\dfrac{\cos^2\alpha-\sqrt{\cos 2\alpha}}{2\cos^2\alpha}\right)+(1+\sqrt{\cos 2\alpha})\, T_n\left(\dfrac{\cos^2\alpha+\sqrt{\cos 2\alpha}}{2\cos^2\alpha}\right)\right\} \\ \qquad = 2\, T_n(\sin^2\alpha). \end{cases}$$

Écrivons

$$(12)\qquad \sqrt{\cos 2\alpha} = \xi.$$

De l'égalité (10) on déduit

$$(13)\quad \begin{cases} \displaystyle\sum^{k} \xi^{2k}\left[\binom{n-1}{k}2^{n-1}+\frac{1}{2}b_1\left\{\binom{n-2}{k}+\binom{n-2}{k-1}\binom{3}{2}\right\}\right. \\ \qquad +\left(\dfrac{1}{2}\right)^2 b_2\left\{\dbinom{n-3}{k}+\dbinom{n-3}{k-1}\dbinom{5}{2}+\dbinom{n-3}{k-2}\dbinom{5}{4}\right\} \\ \qquad \left.+\left(\dfrac{1}{2}\right)^3 b_3\left\{\dbinom{n-4}{k}+\dbinom{n-4}{k-1}\dbinom{7}{2}+\dbinom{n-4}{k-2}\dbinom{7}{4}+\dbinom{n-4}{k-3}\dbinom{7}{6}\right\}+\dots\right] \\ \displaystyle = \sum^{k}(-1)^k\xi^{2k}\left\{\left(\frac{1}{2}\right)^k b_k+\left(\frac{1}{2}\right)^{k+1}b_{k+1}\binom{k+1}{1}+\left(\frac{1}{2}\right)^{k+2}b_{k+2}\binom{k+2}{2}+\dots\right\}, \end{cases}$$

où $k=1,\ 2,\ \ldots,\ n-1$ et l'expression $\binom{p}{q}$ est regardée comme zéro non seulement pour $p<q$ ou pour valeurs négatives de q mais aussi pour valeurs négatives de p. Enfin on aura

$$(14_1)\left\{\begin{array}{l}\frac{1}{2}b_1\left\{\binom{n-2}{1}+\binom{3}{2}+1\right\}+\left(\frac{1}{2}\right)^2 b_2\left\{\binom{n-3}{1}+\binom{5}{2}+\binom{2}{1}\right\}+\left(\frac{1}{2}\right)^3 b_3\left\{\binom{n-4}{1}+\binom{7}{2}+\binom{3}{2}\right\}\\ +\left(\frac{1}{2}\right)^4 b_4\left\{\binom{n-5}{1}+\binom{9}{2}+\binom{4}{3}\right\}+\ldots+\left(\frac{1}{2}\right)^{n-1} b_{n-1}\left\{\binom{2(n-1)+1}{2}+\binom{n-1}{n-2}\right\}=-\binom{n-1}{1}2^{n-1},\end{array}\right.$$

$$(14_2)\left\{\begin{array}{l}\frac{1}{2}b_1\left\{\binom{n-2}{2}+\binom{n-2}{1}\binom{3}{2}\right\}+\left(\frac{1}{2}\right)^2 b_2\left\{\binom{n-3}{2}+\binom{n-3}{1}\binom{5}{2}+\binom{5}{4}-1\right\}\\ +\left(\frac{1}{2}\right)^3 b_3\left\{\binom{n-4}{2}+\binom{n-4}{1}\binom{7}{2}+\binom{7}{4}-\binom{3}{1}\right\}+\left(\frac{1}{2}\right)^4 b_4\left\{\binom{n-5}{2}+\binom{n-5}{1}\binom{9}{2}+\binom{9}{4}-\binom{4}{2}\right\}\\ +\ldots+\left(\frac{1}{2}\right)^{n-1} b_{n-1}\left\{\binom{2(n-1)+1}{4}-\binom{n-1}{n-3}\right\}=-\binom{n-1}{2}2^{n-1}\end{array}\right.$$

$$(14_3)\left\{\begin{array}{l}\frac{1}{2}b_1\left\{\binom{n-2}{3}+\binom{n-2}{2}\binom{3}{2}\right\}+\left(\frac{1}{2}\right)^2 b_2\left\{\binom{n-3}{3}+\binom{n-3}{2}\binom{5}{2}+\binom{n-3}{1}\binom{5}{4}\right\}\\ +\left(\frac{1}{2}\right)^3 b_3\left\{\binom{n-4}{3}+\binom{n-4}{2}\binom{7}{2}+\binom{n-4}{1}\binom{7}{4}+\binom{7}{6}+1\right\}+\end{array}\right.$$

$$
(14_3)\left\{\begin{array}{l}
+\left(\frac{1}{2}\right)^4 b_4\left\{\binom{n-5}{3}+\binom{n-5}{2}\binom{9}{2}+\binom{n-5}{1}\binom{9}{4}+\binom{9}{6}+\binom{4}{1}\right\}+\dots \\
+\left(\frac{1}{2}\right)^{n-1} b_{n-1}\left\{\binom{2(n-1)+1}{6}+\binom{n-1}{n-4}\right\}=-\binom{n-1}{3}2^{n-1};
\end{array}\right.
$$

$$
(14_4)\left\{\begin{array}{l}
\frac{1}{2}b_1\left\{\binom{n-2}{4}+\binom{n-2}{3}\binom{3}{2}\right\}+\left(\frac{1}{2}\right)^2 b_2\left\{\binom{n-3}{4}+\binom{n-3}{3}\binom{5}{2}+\binom{n-3}{2}\binom{5}{4}\right\} \\
+\left(\frac{1}{2}\right)^3 b_3\left\{\binom{n-4}{4}+\binom{n-4}{3}\binom{7}{2}+\binom{n-4}{2}\binom{7}{4}+\binom{n-4}{1}\binom{7}{6}\right\}+ \\
+\left(\frac{1}{2}\right)^4 b_4\left\{\binom{n-5}{4}+\binom{n-5}{3}\binom{9}{2}+\binom{n-5}{2}\binom{9}{4}+\binom{n-5}{1}\binom{9}{6}+\binom{9}{8}-1\right\}+\dots \\
+\left(\frac{1}{2}\right)^{n-1} b_{n-1}\left\{\binom{2(n-1)+1}{8}-\binom{n-1}{n-5}\right\}=-\binom{n-1}{4}2^{n-1},
\end{array}\right.
$$

etc. Il y a $n-1$ équations linéaires pour les $n-1$ constantes du coefficient $(0)_3^{(n)}$. A cause de (9) on n'en emploiera que $n-2$.

$$
(15)\quad \begin{cases}
(x)_3 = 1 - \sin^2\alpha\,\dfrac{x}{2}\left\{1 - \dfrac{2-\sin^2\alpha}{1.2}\,\dfrac{x}{2} + \dfrac{4-2\sin^2\alpha-\sin_4\alpha}{1.2.3}\left(\dfrac{x}{2}\right)^2\right. \\
\qquad - \dfrac{8+4\sin^2\alpha-12\sin^4\alpha+\sin^6\alpha}{1.2.3.4}\left(\dfrac{x}{2}\right)^3 \\
\qquad \left. + \dfrac{16+56\sin^2\alpha-100\sin^4\alpha+28\sin^6\alpha+\sin^8\alpha}{1.2.3.4.5}\left(\dfrac{x}{2}\right)^4 - \ldots\ldots\right\},
\end{cases}
$$

$$
(16)\quad \begin{cases}
(x)_2 = 1 - \cos^2\alpha\,\dfrac{x}{2}\left\{1 - \dfrac{2-\cos^2\alpha}{1.2}\,\dfrac{x}{2} + \dfrac{4-2\cos^2\alpha-\cos^4\alpha}{1.2.3}\left(\dfrac{x}{2}\right)^2\right. \\
\qquad - \dfrac{8+4\cos^2\alpha-12\cos^4\alpha+\cos^6\alpha}{1.2.3.4}\left(\dfrac{x}{2}\right)^3 \\
\qquad \left. + \dfrac{16+56\cos^2\alpha-100\cos^4\alpha+28\cos^6\alpha+\cos^8\alpha}{1.2.3.4.5}\left(\dfrac{x}{2}\right)^4 - \ldots\ldots\right\}.
\end{cases}
$$

33. La série de $(x)_1$ se déduit facilement à l'aide de l'égalité évidente

$$
(17)\qquad (x)_1 = 1 - \frac{1}{2}\int_0^x (x)_2\,(x)_3\,dx.
$$

Quant à la fonction $(x)_0$, nous avons

$$
(x)_0 = 1 - (x)_1{}^2
$$

$$
\text{ou}\qquad (x)_0 = \frac{1-(x)_2{}^2}{\cos^2\alpha}
$$

ou bien $\quad (x)_n = \frac{1-(x)_3^{\,2}}{\sin^2\alpha}.$

Cependant il est facile de construire sa série immédiatement. On a

$$\frac{d(x)_0}{dx} = \sqrt{\{1-(x)_0\}^2 + (x)_0\,\{1-(x)_0\}\,\frac{\sin^2 2\alpha}{4}},$$

$$\frac{d^2(x)_0}{dx^2} = -1 + (x)_0\left(1+\frac{1}{4}\sin^2 2\alpha\right) - \frac{3}{8}\,(x)_0^{\,2}\sin^2 2\alpha\,,$$

$$\frac{d^3(x)_0}{dx^3} = \frac{d(x)_0}{dx}\left(1+\frac{1}{4}\sin^2 2\alpha\right) - \frac{3}{4}\,(x)_0\,\frac{d(x)_0}{dx}\,\sin^2 2\alpha$$

et, en général

$$(18)\quad \begin{cases} (x)_0^{(n+3)} = (x)_0^{(n+1)}\left(1+\frac{1}{4}\sin^2 2\alpha\right) - \frac{3}{4}\sin^2 2\alpha\Big\{(x)_0^{(n)}\,(x)_0{}' + \binom{n}{1}(x)_0^{(n-1)}\,(x)_0{}'' + \\ \quad + \binom{n}{2}(x)_0^{(n-2)}\,(x)_0{}''' + \ldots + \binom{n}{n-1}(x)_0{}'\,(x)^{(n)} + \binom{n}{n}(x)_0\,(x)_0^{(n+1)}\Big\}. \end{cases}$$

de même

$$(19_1)\quad \begin{cases} (x)_0^{(n+3)} = (x)_0^{(n+1)}\left(1 + \frac{1}{4}\sin^2 2\alpha\right) - \frac{3}{4}\sin^2 2\alpha \Big\{ (x)_0^{(n+1)}(x)_0 + \binom{n+1}{1}(x)_0^{(n)}(x)_0' \\ \qquad + \binom{n+1}{2}(x)_0^{(n-1)}(x)_0'' + \ldots + \binom{n+1}{\frac{n+1}{2}-1}(x)_0^{\left(\frac{n+1}{2}+1\right)}(x)_0^{\left(\frac{n+1}{2}-1\right)} \\ \qquad + \binom{n}{\frac{n-1}{2}}(x)_0^{\left(\frac{n+1}{2}\right)}(x)_0^{\left(\frac{n+1}{2}\right)} \Big\}; \qquad (n \text{ impair}), \end{cases}$$

$$(19_2)\quad \begin{cases} (x)_0^{(n+3)} = (x)_0^{(n+1)}\left(1 + \frac{1}{4}\sin^2 2\alpha\right) - \frac{3}{4}\sin^2 2\alpha \Big\{ (x)_0^{(n+1)}(x)_0 + \binom{n+1}{1}(x)_0^{(n)}(x)_0' \\ \qquad + \binom{n+1}{2}(x)_0^{(n-1)}(x)_0'' + \ldots + \binom{n+1}{\frac{n}{2}-1}(x)_0^{\left(\frac{n}{2}+2\right)}(x)_0^{\left(\frac{n}{2}-1\right)} \\ \qquad + \binom{n+1}{\frac{n}{2}}(x)_0^{\left(\frac{n}{2}+1\right)}(x)_0^{\left(\frac{n}{2}\right)} \Big\}; \qquad (n \text{ pair}). \end{cases}$$

Écrivons

$$\frac{1}{4}\sin^2 2\alpha = c^2,$$

nous aurons

$$
(20)\quad \left\{ \begin{aligned} (x)_0 = x - \frac{1}{1.2}x^2 + \frac{1+c^2}{1.2.3}x^3 - \frac{1+4c^2}{1.2.3.4}x^4 + \frac{1+11\,c^2+c^4}{1.2.3.4.5}x^5 + \\ - \frac{1+26\,c^2+16\,c^4}{1.2.3.4.5.6}x^6 + \frac{1+57\,c^2+102\,c^4+c^6}{1.2.3.4.5.6.7}x^7 - \ldots\ldots \end{aligned} \right.
$$

XI. Expressions générales, concernant les dérivées des trois fonctions $(x)_1$, $(x)_2$, $(x)_3$ et celles des fonctions elliptiques $\sin \operatorname{am} x$, $\cos \operatorname{am} x$, $\Delta \operatorname{am} x$.

34. En considérant les dérivées

$$
\frac{d(x)_1}{dx} = -\frac{1}{2}\sqrt{\sin^2\alpha\cos^2\alpha + (1-2\sin^2\alpha\cos^2\alpha)\,(x)_1^{\,2} + \sin^2\alpha\cos^2\alpha\,(x)_1^{\,4}},
$$

$$
\frac{d(x)_2}{dx} = -\frac{1}{2}\sqrt{-\cos 2\alpha\sin^2\alpha + (\cos 2\alpha - \sin^4\alpha)\,(x)_2^{\,2} + \sin^2\alpha\,(x)_2^{\,4}},
$$

$$
\frac{d(x)_3}{dx} = -\frac{1}{2}\sqrt{\cos 2\alpha\cos^2\alpha - (\cos 2\alpha + \cos^4\alpha)\,(x)_3^{\,2} + \cos^2\alpha\,(x)_3^{\,4}},
$$

$$
\frac{d\sin \operatorname{am} x}{dx} = \sqrt{1-(1+k^2)\sin^2\operatorname{am} x + k^2\sin^4\operatorname{am} x},
$$

$$\frac{\mathrm{d} \cos \operatorname{am} x}{\mathrm{d} x} = -\sqrt{(1-k^2) + (2k^2-1)\cos^2 \operatorname{am} x - k^2 \cos^4 \operatorname{am} x},$$

$$\frac{\mathrm{d}\, \Delta \operatorname{am} x}{\mathrm{d} x} = -\sqrt{-(1-k^2) + (2-k^2)\,\Delta^2 \operatorname{am} x - \Delta^4 \operatorname{am} x},$$

posons

(1) $$\gamma' = a\sqrt{b + \gamma^2 + c\gamma^4}.$$

On reconnaîtra aisément que la $(2n+1)^{\text{ième}}$ dérivée de γ est de la forme

(2) $$\gamma^{(2n+1)} = a^{2n}\gamma'\,(I_0 + I_1\gamma^2 + I_2\gamma^4 + \ldots + I_n\gamma^{2n})$$

où les quantités I ne dépendent que des constantes b et c, dont elles sont des fonctions entières. De (2) nous tirons

$$\left\{\begin{aligned} \gamma^{(2n+2)} = {} & a^{2n}\gamma''\,(I_0 + I_1\gamma^2 + I_2\gamma^4 + \ldots + I_n\gamma^{2n}) \\ & + a^{2n}\gamma'^2\,(2I_1\gamma + 4I_2\gamma^3 + 6I_3\gamma^5 + \ldots + 2n\,I_n\gamma^{2n-1}). \end{aligned}\right.$$

Substituons dans cette expression

$$\gamma'^2 = a^2\,(b + \gamma^2 + c\gamma^4),$$
$$\gamma'' = a^2\gamma\,(1 + 2c\gamma^2);$$

nous obtenons

$$
(3)\quad \left\{
\begin{aligned}
\gamma^{(2n+2)} = a^{2n+2}\gamma\,\{ & [I_0 + 2b\,I_1] + [2c\,I_0 + 3I_1 + 4b\,I_2]\,\gamma^2 \\
& + [4c\,I_1 + 5I_2 + 6b I_3]\,\gamma^4 + [6c I_2 + 7I_3 + 8b\,I_4]\,\gamma^6 \\
& + \dots \\
& + [(2n-2)\,c\,I_{n-2} + (2n-1)\,I_{n-1} + 2nb\,I_n]\,\gamma^{(2n-2)} \\
& + [2nc\,I_{n-1} + (2n+1)\,I_n]\,\gamma^{2n} + (2n+2)\,c\,I_n\,\gamma^{(2n+2)}\,\}
\end{aligned}
\right.
$$

d'où

$$
(4)\quad \left\{
\begin{aligned}
\gamma^{(2n+3)} = a^{2n+2}\gamma'\,\{ & [I_0 + 2b\,I_1] + 3\,[2c\,I_0 + 3I_1 + 4b\,I_2]\,\gamma^2 \\
& + \dots + (2n+3)\,(2n+2)\,c\,I_n\,\gamma^{2n+2}\}.
\end{aligned}
\right.
$$

Comme en particulier

$$
\begin{aligned}
\gamma'' &= a^2\gamma\,(1 + 2c\gamma^2), \\
\gamma''' &= a^2\gamma'(1 + 6c\gamma^2), \\
\gamma^{(4)} &= a^4\gamma\,\{(1 + 12\,bc) + 20\,c\gamma^2 + 24\,c^2\gamma^4\}, \\
\gamma^{(5)} &= a^4\gamma'\,\{(1 + 12\,bc) + 60\,c\gamma^2 + 120\,c^2\gamma^4\}, \\
\gamma^{(6)} &= a^6\gamma\,\{(1 + 132\,bc) + c\,(182 + 504\,bc)\,\gamma^2 + 840\,c^2\gamma^4 + 720\,c^3\gamma^6\}, \\
\gamma^{(7)} &= a^6\gamma'\,\{(1 + 132\,bc) + c\,(546 + 1512\,bc)\,\gamma^2 + 4200\,c^2\gamma^4 + 5040\,c^3\gamma^6\},
\end{aligned}
$$

on reconnaîtra aisément, aussi la forme des fonctions I. Écrivons

$$\gamma^{(4r)} = a^{4r}\gamma\,(P_0 + P_1\gamma^2 + P_2\gamma^4 + \ldots + P_{2r}\gamma^{4r}),$$
$$\gamma^{(4r+2)} = a^{4r+2}\gamma\,(Q_0 + Q_1\gamma^2 + Q_2\gamma^4 + \ldots + Q_{2r+1}\gamma^{4r+2}),$$

d'où

$$\gamma^{(4r+1)} = a^{4r}\gamma'\,(P_0 + 3P_1\gamma^2 + 5P_2\gamma^4 + \ldots + (4r+1)\,P_{2r}\gamma^{4r})$$
$$\gamma^{(4r+3)} = a^{4r+2}\gamma'\,(Q_0 + 3Q_1\gamma^2 + 5Q_2\gamma^4 + \ldots + (4r+3)\,Q_{2r+1}\gamma^{4r+2}).$$

En désignant par p et q des nombres entiers et positifs, nous aurons

$$P_0 = p_{0,0} + p_{0,1}(bc) + p_{0,2}(bc)^2 + \ldots + p_{0,r}(bc)^r,$$
$$P_1 = c\{p_{1,0} + p_{1,1}(bc) + p_{1,2}(bc)^2 + \ldots + p_{1,r-1}(bc)^{r-1}\},$$
$$P_2 = c^2\{p_{2,0} + p_{2,1}(bc) + p_{2,2}(bc)^2 + \ldots + p_{2,r-1}(bc)^{r-1}\},$$
$$P_3 = c^3\{p_{3,0} + p_{3,1}(bc) + p_{3,2}(bc)^2 + \ldots + p_{3,r-2}(bc)^{r-2}\},$$
$$P_4 = c^4\{p_{4,0} + p_{4,1}(bc) + p_{4,2}(bc)^2 + \ldots + p_{4,r-2}(bc)^{r-2}\},$$
$$\ldots$$
$$P_{2r-3} = c^{2r-3}\{p_{2r-3,0} + p_{2r-3,1}(bc)\},$$
$$P_{2r-2} = c^{2r-2}\{p_{2r-2,0} + p_{2r-2,1}(bc)\},$$
$$P_{2r-1} = c^{2r-1}p_{2r-1,0},$$
$$P_{2r} = c^{2r}p_{2r,0}.$$

$$Q_0 = q_{0,0} + q_{0,1}(bc) + q_{0,2}(bc)^2 + \ldots + q_{0,r}(bc)^r,$$
$$Q_1 = c\{q_{1,0} + q_{1,1}(bc) + q_{1,2}(bc)^2 + \ldots + q_{1,r}(bc)^r\},$$

$$Q_2 = c^2 \{ q_{2,0} + q_{2,1}(bc) + q_{2,2}(bc)^2 + \ldots + q_{2,r-1}(bc)^{r-1} \},$$
$$Q_3 = c^3 \{ q_{3,0} + q_{3,1}(bc) + q_{3,2}(bc)^2 + \ldots + q_{3,r-1}(bc)^{r-1} \},$$
$$\ldots \qquad \ldots\ldots$$
$$Q_{2r-2} = c^{2r-2} \{ q_{2r-2,0} + q_{2r-2,1}(bc) \},$$
$$Q_{2r-1} = c^{2r-1} \{ q_{2r-1,0} + q_{2r-1,1}(bc) \},$$
$$Q_{2r} = c^{2r} q_{2r,0},$$
$$Q_{2r+1} = c^{2r+1} q_{2r+1,0},$$

et, en vertu des formules (2) et (3)

$$q_{0,0} = p_{0,0}$$
$$q_{0\,1} = p_{0,1} + 2.3\, p_{1,0}$$
$$q_{0,2} = p_{0,2} + 2.3\, p_{1,1}$$
$$q_{0,3} = p_{0,3} + 2.3\, p_{1,2}$$
$$\ldots \qquad \ldots\ldots$$
$$q_{0,r-1} = p_{0,r-1} + 2.3\, p_{1,r-2}$$
$$q_{0,r} = p_{0,r} + 2.3\, p_{1,r-1}$$

$$q_{1,0} = 1.2\, p_{0,0} + 3.3\, p_{1,0}$$
$$q_{1,1} = 1.2\, p_{0,1} + 3.3\, p_{1,1} + 4.5\, p_{2,0}$$

$$q_{1,2} = 1.2\, p_{0,2} + 3.3\, p_{1,2} + 4.5\, p_{2,1}$$
$$q_{1,3} = 1.2\, p_{0,3} + 3.3\, p_{1,3} + 4.5\, p_{2,2}$$
$$\ldots \qquad \ldots\ldots$$
$$q_{1,r-1} = 1.2\, p_{0,r-1} + 3.3\, p_{1,r-1} + 4.5\, p_{2,r-2}$$
$$q_{1,r} = 1.2\, p_{0,r} + 3.3\, p_{1,r} + 4.5\, p_{2,r-1}$$

$$q_{2,0} = 3.4\, p_{1,0} + 5.5\, p_{2,0}$$
$$q_{2,1} = 3.4\, p_{1,1} + 5.5\, p_{2,1} + 6.7\, p_{3,0}$$
$$q_{2,2} = 3.4\, p_{1,2} + 5.5\, p_{2,2} + 6.7\, p_{3,1}$$
$$q_{2,3} = 3.4\, p_{1,3} + 5.5\, p_{2,3} + 6.7\, p_{3,2}$$
$$\ldots \qquad \ldots\ldots$$
$$q_{2,r-2} = 3.4\, p_{1,r-2} + 5.5\, p_{2,r-2} + 6.7\, p_{3,r-3}$$
$$q_{2,r-1} = 3.4\, p_{1,r-1} + 5.5\, p_{2,r-1} + 6.7\, p_{3,r-2}$$

$$q_{3,0} = 5.6\, p_{2,0} + 7.7\, p_{3,0}$$
$$q_{3,1} = 5.6\, p_{2,1} + 7.7\, p_{3,1} + 8.9\, p_{4,0}$$
$$q_{3,2} = 5.6\, p_{2,2} + 7.7\, p_{3,2} + 8.9\, p_{4,1}$$
$$q_{3,3} + 5.6\, p_{2,3} + 7.7\, p_{3,3} + 8.9\, p_{4,2}$$
$$\ldots \qquad \ldots\ldots$$

$$
\begin{aligned}
q_{3,r-2} &= 5.6\,p_{2,r-2} + 7.7\,p_{3,r-2} + 8.9\,p_{4,r-3}\\
q_{3,r-1} &= 5.6\,p_{2,r-1} + 0 \qquad\quad + 8.9\,p_{4,r-2}\\
&\cdots\cdots\cdots\cdots\cdots\cdots\cdots\\
&\cdots\cdots\cdots\cdots\cdots\cdots\cdots\\
q_{2r-2,0} &= (4r-5)(4r-4)\,p_{2r-3,0} + (4r-3)^2\,p_{2r-2,0}\\
q_{2r-2,1} &= (4r-5)(4r-4)\,p_{2r-2,1} + (4r-3)^2\,p_{2r-2,1} + (4r-2)(4r-1)\,p_{2r-1,0}\\
q_{2r-1,0} &= (4r-3)(4r-2)\,p_{2r-2,0} + (4r-1)^2\,p_{2r-1,0}\\
q_{2r-1,1} &= (4r-3)(4r-2)\,p_{2r-2,1} + 0 \qquad\qquad + 4r(4r+1)\,p_{2r,0}\\
q_{2r,0} &= (4r-1)\,4r\,p_{2r-1,0} + (4r+1)^2\,p_{2r,0}\\
q_{2r+1,0} &= (4r+1)(4r+2)\,p_{2r,0}.
\end{aligned}
$$

En désignant par g les coefficients analogues des dérivées $\gamma^{(4r+2)}$ et $\gamma^{(4r-1)}$ en outre nous aurons

$$
\begin{aligned}
p_{0,0} &= g_{0,0}\\
p_{0,1} &= g_{0,1} + 2.3\,g_{1,0}\\
p_{0,2} &= g_{0,2} + 2.3\,g_{1,1}\\
p_{0,3} &= g_{0,3} + 2.3\,g_{1,2}\\
&\cdots \quad \cdots\cdots
\end{aligned}
$$

$$
\begin{aligned}
p_{0,r-1} &= g_{0,r-1} + 2.3\, g_{1,r-2} \\
p_{0,r} &= 0 \qquad\;\; + 2.3\, g_{1,r-1}
\end{aligned}
$$

$$
\begin{aligned}
p_{1,0} &= 1.2\, g_{0,0} + 3.3\, g_{1,0} \\
p_{1,1} &= 1.2\, g_{0,1} + 3.3\, g_{1,1} + 4.5\, g_{2,0} \\
p_{1,2} &= 1.2\, g_{0,2} + 3.3\, g_{1,2} + 4.5\, g_{2,1} \\
p_{1,3} &= 1.2\, g_{0,3} + 3.3\, g_{1,3} + 4.5\, g_{2,2} \\
\ldots & \qquad \ldots\ldots \\
p_{1,r-2} &= 1.2\, g_{0,r-2} + 3.3\, g_{1,r-2} + 4.5\, g_{2,r-3} \\
p_{1,r-1} &= 1.2\, g_{0,r-1} + 3.3\, g_{1,r-1} + 4.5\, g_{2,r-2}
\end{aligned}
$$

$$
\begin{aligned}
p_{2,0} &= 3.4\, g_{1,0} + 5.5\, g_{2,0} \\
p_{2,1} &= 3.4\, g_{1,1} + 5.5\, g_{2,1} + 6.7\, g_{3,0} \\
p_{2,2} &= 3.4\, g_{1,2} + 5.5\, g_{2,2} + 6.7\, g_{3,1} \\
p_{2,3} &= 3.4\, g_{1,3} + 5.5\, g_{2,3} + 6.7\, g_{3,2} \\
\ldots & \qquad \ldots\ldots \\
p_{2,r-2} &= 3.4\, g_{1,r-2} + 5.5\, g_{2,r-2} + 6.7\, g_{3,r-3} \\
p_{2,r-1} &= 3.4\, g_{1,r-1} + 0 \qquad\;\; + 6.7\, g_{3,r-2}
\end{aligned}
$$

$$
\begin{aligned}
p_{3,0} &= 5.6\, g_{2,0} + 7.7\, g_{3,0} \\
p_{3,1} &= 5.6\, g_{2,1} + 7.7\, g_{3,1} + 8.9\, g_{4,0}
\end{aligned}
$$

$$p_{3,2} = 5.6\, g_{2,2} + 7.7\, g_{3,2} + 8.9\, g_{4,1}$$
$$p_{3,3} = 5.6\, g_{2,3} + 7.7\, g_{3,3} + 8.9\, g_{4,2}$$
$$\ldots \qquad \ldots\ldots$$
$$p_{3,r-3} = 5.6\, g_{2,r-3} + 7.7\, g_{3,r-3} + 8.9\, g_{4,r-4}$$
$$p_{3,r-2} = 5.6\, g_{2,r-2} + 7.7\, g_{3,r-2} + 8.9\, g_{4,r-3}$$
$$\ldots\ldots\ldots\ldots\ldots\ldots\ldots\ldots$$
$$\ldots\ldots\ldots\ldots\ldots\ldots\ldots\ldots$$
$$p_{2r-3,0} = (4r-7)\,(4r-6)\, g_{2r-4,0} + (4r-5)^2\, g_{2r-3,0}$$
$$p_{2r-3,1} = (4r-7)\,(4r-6)\, g_{2r-4,1} + (4r-5)^2\, g_{2r-3,1} + (4r-4)\,(4r-3)\, g_{2r-2,0}$$
$$p_{2r-2,0} = (4r-5)\,(4r-4)\, g_{2r-3,0} + (4r-3)^2\, g_{2r-2,0}$$
$$p_{2r-2,1} = (4r-5)\,(4r-4)\, g_{2r-3,1} + 0 \qquad + (4r-2)\,(4r-1)\, g_{2r-1,0}$$
$$p_{2r-1,0} = (4r-3)\,(4r-2)\, g_{2r-2,0} + (4r-1)^2\, g_{2r-1,0}$$
$$p_{2r,0} = (4r-1)\; 4r\; g_{2r-1,0}.$$

Maintenant écrivons

$$q_{v,u} = \binom{4r+2}{v,u}, \quad p_{v,u} = \binom{4r}{v,u}, \quad g_{v,u} = \binom{4r-2}{v,u}, \ldots;$$

des expressions précédentes on conclura

$$
(\mathrm{I}_1)\left\{
\begin{array}{l}
\binom{2m}{0,0} = \binom{2m-2}{0,0} = \binom{2m-4}{0,0} = \ldots = \binom{0}{0,0} = 1, \\
\binom{2m}{1,0} = 1.2\left\{\binom{2m-2}{0,0} + 3^4\binom{2m-4}{0,0} + 3^4\binom{2m-6}{0,0} + \ldots + 3^{2m-2}\binom{0}{0,0}\right\}, \\
\binom{2m}{2,0} = 3.4\left\{\binom{2m-2}{1,0} + 5^2\binom{2m-4}{1,0} + 5^4\binom{2m-6}{1,0} + \ldots + 5^{2m-4}\binom{2}{1,0}\right\}, \\
\binom{2m}{3,0} = 5.6\left\{\binom{2m-2}{2,0} + 7^2\binom{2m-4}{2,0} + 7^4\binom{2m-6}{2,0} + \ldots + 7^{2m-6}\binom{4}{2,0}\right\}, \\
\ldots \qquad \qquad \ldots\ldots \\
\binom{2m}{m-3,0} = (2m-7)(2m-6)\left\{\binom{2m-2}{m-4,0} + (2m-5)^2\binom{2m-4}{m-4,0} + (2m-5)^4\binom{2m-6}{m-4,0} + (2m-5)^6\binom{2m-8}{m-4,0}\right\}, \\
\binom{2m}{m-2,0} = (2m-5)(2m-4)\left\{\binom{2m-2}{m-3,0} + (2m-3)^2\binom{2m-4}{m-3,0} + (2m-3)^4\binom{2m-6}{m-3,0}\right\}, \\
\binom{2m}{m-1,0} = (2m-3)(2m-2)\left\{\binom{2m-2}{m-2,0} + (2m-1)^2\binom{2m-4}{m-2,0}\right\}, \\
\binom{2m}{m,0} = (2m-1)\,2m\binom{2m-2}{m-1,0}.
\end{array}\right.
$$

$$
(\mathrm{I}_2)\left\{
\begin{aligned}
&\binom{2m}{0,1} = 2.3\left\{\binom{2m-2}{1,0} + \binom{2m-4}{1,0} + \binom{2m-6}{1,0} + \ldots + \binom{2}{1,0}\right\},\\
&\left[\begin{aligned}
&\binom{2m}{1,1} = 1.2\left\{\binom{2m-2}{0,1} + 3^2\binom{2m-4}{0,1} + 3^4\binom{2m-6}{0,1} + \ldots + 3^{2m-6}\binom{4}{0,1}\right\}\\
&\qquad + 4.5\left\{\binom{2m-2}{2,0} + 3^2\binom{2m-4}{2,0} + 3^4\binom{2m-6}{2,0} + \ldots + 3^{2m-6}\binom{4}{2,0}\right\},
\end{aligned}\right.\\
&\left[\begin{aligned}
&\binom{2m}{2,1} = 3.4\left\{\binom{2m-2}{1,1} + 5^2\binom{2m-4}{1,1} + 5^4\binom{2m-6}{1,1} + \ldots + 5^{2m-8}\binom{6}{1,1}\right\}\\
&\qquad + 6.7\left\{\binom{2m-2}{3,0} + 5^2\binom{2m-4}{3,0} + 5^4\binom{2m-6}{3,0} + \ldots + 5^{2m-8}\binom{6}{3,0}\right.,
\end{aligned}\right.\\
&\left[\begin{aligned}
&\binom{2m}{3,1} + 5.6\left\{\binom{2m-2}{2,1} + 7^3\binom{2m-4}{2,1} + 7^4\binom{2m-6}{2,1} + \ldots + 7^{2m-10}\binom{8}{2,1}\right\}\\
&\qquad + 8.9\left\{\binom{2m-2}{4,0} + 7^2\binom{2m-4}{4,0} + 7^4\binom{2m-6}{4,0} + \ldots + 7^{2m-10}\binom{8}{4,0}\right\},
\end{aligned}\right.\\
&\ldots \qquad\qquad \ldots\ldots\\
&\left[\begin{aligned}
&\binom{2m}{m-5,1} = (2m-11)(2m-10)\left\{\binom{2m-2}{m-6,1} + (2m-9)^2\binom{2m-4}{m-6,1} + (2m-9)^4\binom{2m-6}{m-6,1} + (2m-9)^6\binom{2m-8}{m-6,1}\right\}\\
&\qquad + (2m-8)\,(2m-7)\left\{\binom{2m-2}{m-4,0} + (2m-9)^2\binom{2m-4}{m-4,0} + (2m-9)^4\binom{2m-6}{m-4,0} + (2m-9)^6\binom{2m-8}{m-4,0}\right\},
\end{aligned}\right.
\end{aligned}\right.
$$

$$
(\mathrm{I}_2)\left\{\begin{array}{l}
\left[\begin{array}{l}
\binom{2m}{m-4,1} = (2m-9)(2m-8)\left\{\binom{2m-2}{m-5,1} + (2m-7)^2\binom{2m-4}{m-5,1} + (2m-7)^2\binom{2m-6}{m-5,1}\right\} \\
\qquad + (2m-6)(2m-5)\left\{\binom{2m-2}{m-3,0} + (2m-7)^2\binom{2m-4}{m-3,0} + (2m-7)^2\binom{2m-6}{m-3,0}\right\},
\end{array}\right. \\
\left[\begin{array}{l}
\binom{2m}{m-3,1} = (2m-7)(2m-6)\left\{\binom{2m-2}{m-4,1} + (2m-5)^2\binom{2m-4}{m-4,1}\right\} \\
\qquad + (2m-4)(2m-3)\left\{\binom{2m-2}{m-2,0} + (2m-5)^2\binom{2m-4}{m-2,0}\right\},
\end{array}\right. \\
\binom{2m}{m-2,1} = (2m-5)(2m-4)\binom{2m-2}{m-3,1} + (2m-2)(2m-1)\binom{2m-2}{m-1,0}.
\end{array}\right.
$$

$$
(\mathrm{I}_3)\left\{\begin{array}{l}
\binom{2m}{0,2} = 2.3\left\{\binom{2m-2}{1,1} + \binom{2m-4}{1,1} + \binom{2m-5}{1,1} + \dots + \binom{6}{1,1}\right\}, \\
\left[\begin{array}{l}
\binom{2m}{1,2} = 1.2\left\{\binom{2-m2}{0,2} + 3^2\binom{2m-4}{0,2} + 3^4\binom{2m-6}{0,2} + \dots + 3^{2m-10}\binom{8}{0,2}\right\} \\
\qquad + 4.5\left\{\binom{2m-2}{2,1} + 3^2\binom{2m-4}{2,1} + 3^4\binom{2m-6}{2,1} + \dots + 3^{2m-10}\binom{8}{2,1}\right\},
\end{array}\right. \\
\left[\begin{array}{l}
\binom{2m}{2,2} = 3.4\left\{\binom{2m-2}{1,2} + 5^2\binom{2m-4}{1,2} + 5^4\binom{2m-6}{1,2} + \dots + 5^{2m-12}\binom{10}{1,2}\right\} \\
\qquad + 6.7\left\{\binom{2m-2}{3,1} + 5^2\binom{2m-4}{3,1} + 5^4\binom{2m-6}{3,1} + \dots + 5^{2m-12}\binom{10}{3,1}\right\},
\end{array}\right.
\end{array}\right.
$$

$$
(\mathrm{I}_3)\left\{
\begin{array}{l}
\left[\begin{array}{l}
\dbinom{2m}{3,2} = 5.6\left\{\dbinom{2m-2}{2,2} + 7^2\dbinom{2m-4}{2,2} + 7^4\dbinom{2m-6}{2,2} + \ldots + 7^{2m-14}\dbinom{12}{2,2}\right\} \\
\qquad + 8.9\left\{\dbinom{2m-2}{4,1} + 7^2\dbinom{2m-4}{4,1} + 7^4\dbinom{2m-6}{4,1} + \ldots + 7^{2m-14}\dbinom{12}{4,1}\right\},
\end{array}\right. \\
\ldots \qquad \ldots\ldots \\
\left[\begin{array}{l}
\dbinom{2m}{m-7,2} = (2m-15)(2m-14)\left\{\dbinom{2m-2}{m-8,2} + (2m-13)^2\dbinom{2m-4}{m-8,2} + (2m-13)^4\dbinom{2m-6}{m-8,2} + (2m-13)^9\dbinom{2m-8}{m-8,2}\right\} \\
\qquad + (2m-12)(2m-11)\left\{\dbinom{2m-2}{m-6,1} + (2m-13)^2\dbinom{2m-4}{m-6,1} + (2m-13)^2\dbinom{2m-6}{m-6,1} + (2m-13)^6\dbinom{2m-8}{m-6,1}\right\},
\end{array}\right. \\
\left[\begin{array}{l}
\dbinom{2m}{m-6,2} = (2m-13)(2m-12)\left\{\dbinom{2m-2}{m-7,2} + (2m-11)^2\dbinom{2m-4}{m-7,2} + (2m-11)^4\dbinom{2m-6}{m-7,2}\right\} \\
\qquad + (2m-10)(2m-9)\left\{\dbinom{2m-2}{m-5,1} + (2m-11)^2\dbinom{2m-4}{m-5,1} + (2m-11)^4\dbinom{2m-6}{m-5,1}\right\},
\end{array}\right. \\
\left[\begin{array}{l}
\dbinom{2m}{m-5,2} = (2m-11)(2m-10)\left\{\dbinom{2m-2}{m-6,2} + (2m-9)^2\dbinom{2m-4}{m-6,2}\right\} \\
\qquad + (2m-8)(2m-7)\left\{\dbinom{2m-2}{m-4,1} + (2m-9)^2\dbinom{2m-4}{m-4,1}\right\},
\end{array}\right. \\
\dbinom{2m}{m-4,2} = (2m-9)(2m-3)\dbinom{2m-2}{m-5,2} + (2m-6)(2m-5)\dbinom{2m-2}{m-3,0}.
\end{array}\right.
$$

. . . .

. . . .

auxquels se joinent

$$\text{(II)} \qquad \gamma^{(2m)} = a^{2m}\gamma\,(N_0 + N_1\gamma^2 + N_2\gamma^4 + \dots + N_m\gamma^{2m}),$$

$$(\mathrm{III}_{m\ \text{pair}})\left\{\begin{array}{l} N_0 = \displaystyle\sum_{z=0}^{z=\frac{m}{2}} \binom{2m}{0,z}(bc)^z,\ N_1 = c\sum_{z=0}^{z=\frac{m}{2}-1}\binom{2m}{1,z}(bc)^z,\ N_2 = c^2\sum_{z=0}^{z=\frac{m}{2}-1}\binom{2m}{2,z}(bc)^z, \\ N_3 = \displaystyle\sum_{z=0}^{z=\frac{m}{2}-2}\binom{2m}{3,z}(bc)^z,\ N_4 = \sum_{z=0}^{z=\frac{m}{2}-2}\binom{2m}{4,z}(bc)^z, \dots, N_{m-1} = c^{m-1}\binom{2m}{m-1,0},\ N_m = c^m\binom{2m}{m,0}. \end{array}\right.$$

$$(\mathrm{III}_{m\ \text{impair}})\left\{\begin{array}{l} N_0 = \displaystyle\sum_{z=0}^{z=\frac{m-1}{2}}\binom{2m}{0,z}(bc)^z,\ N_1 = c\sum_{z=0}^{z=\frac{m-1}{2}}\binom{2m}{1,z}(bc)^z;\ N_2 = c^2\sum_{z=0}^{z=\frac{m-1}{2}-1}\binom{2m}{2,z}(bc)^z, \\ N_3 = c^3\displaystyle\sum_{z=0}^{z=\frac{m-1}{2}-1}\binom{2m}{3,z}(bc)^z, \dots, N_{m-1} = c^{m-1}\binom{2m}{m-1,0},\ N_m = c^m\binom{2m}{m,0}. \end{array}\right.$$

Par exemple

$$\binom{2m}{1,0} = \frac{3^{2m} - 1}{4}, m > 0,$$

$$\binom{2m}{2,0} = \frac{5^{2m} - 3^{2m+1} + 2}{4^2}, m > 1,$$

$$\binom{2m}{3,0} = \frac{7^{2m} - 5^{2m+1} - 3^{2m+2} - 5}{4^3}, m > 2,$$

$$\binom{2m}{4,0} = \frac{9^{2m} - 7^{2m+1} + 4.5^{2m+1} - 4.3^{2m} + 14}{4^4}, m > 3,$$

etc.

35. Pour exprimer la dérivée $\gamma^{(n+3)}$ par les dérivées inférieures à elle, eliminons γ^4 des équations

$$\gamma'^2 = a^2 b + a^2\gamma^2 + a^2 c\gamma^4,$$
$$\gamma''\gamma = a^2\gamma^2 + 2a^2 c\gamma^4,$$

nous aurons

$$\gamma''\gamma = 2\gamma'^2 - a^2\gamma^2 - 2a^2 b,$$

d'où

$$\gamma'''\gamma = 3\gamma''\gamma' - 2a^2\gamma'\gamma$$

et, par conséquent

$$\left\{\begin{aligned}\gamma^{(n+3)}\gamma = &\Big\{(3-n)\,\gamma^{(n+2)}\gamma' + \binom{n}{1}\left(3-\frac{n-1}{2}\right)\gamma^{(n+1)}\gamma'' + \binom{n}{2}\left(3-\frac{n-2}{2}\right)\gamma^{(n)}\gamma''' + \ldots \\ &\quad \ldots + \binom{n}{n-2}\left(3-\frac{2}{n-1}\right)\gamma^{(4)}\gamma^{(n-1)} + \binom{n}{n-1}\left(3-\frac{1}{n}\right)\gamma'''\gamma^{(n)} + 3\gamma''\gamma^{(n+1)}\Big\} \\ &-2a^2\Big\{\gamma^{(n+1)}\gamma + \binom{n}{1}\gamma^{(n)}\gamma' + \binom{n}{2}\gamma^{(n-1)}\gamma'' + \ldots \\ &\quad \ldots + \binom{n}{n-2}\gamma'''\gamma^{(n-2)} + \binom{n}{n-1}\gamma''\gamma^{(n-1)} + \gamma'\gamma^{(n)}\Big\}\end{aligned}\right.$$

36. Remarqueons enfin que par exemple aussi les fonctions

$$(1_1) \qquad u = \cos\{\sqrt{-1}\,\log\,(x)_1\},$$

$$(2_1) \qquad v = \frac{\sin\{\sqrt{-1}\,\log\,(x)_1\}}{\sqrt{-1}},$$

sont soumises aux formules que nous venons de construire. Écrivons

$$(3) \qquad -\frac{1}{2\sqrt{1-2\sin^2\alpha\cos^2\alpha}} = A, \quad \frac{\sin^2\alpha\cos^2\alpha}{1-2\sin^2\alpha\cos^2\alpha} = B.$$

Comme

$$\frac{\mathrm{d}\,(x)_1}{\mathrm{d}x} = A\sqrt{B + (x)_1{}^2 + B(x)_1{}^4},$$

$$\frac{\mathrm{d}\,(-x)_1}{\mathrm{d}x} = -A\sqrt{B + (-x)_1{}^2 + B(-x)_1{}^4},$$

$$(-x)_1 = \frac{1}{(x)_1},$$

nous avons

$$\frac{\mathrm{d}\,(x)_1}{\mathrm{d}n} \pm \frac{\mathrm{d}\,(-x)_1}{\mathrm{d}x} = \frac{\mathrm{d}}{\mathrm{d}x}\left\{(x)_1 \pm \frac{1}{(x)_1}\right\}$$

$$= A\left[\sqrt{B + (x)_1{}^2 + B\,(x)_1{}^4} \mp \sqrt{B + \frac{1}{(x)_1{}^2} + B\frac{1}{(x)_1{}^4}}\right]$$

$$= A\left[(x)_1\sqrt{1 + B\left\{(x)_1{}^2 + \frac{1}{(x)_1{}^2}\right\}} \mp \frac{1}{(x)_1}\sqrt{1 + B\left\{(x)_1{}^2 + \frac{1}{(x)_1{}^2}\right\}}\right]$$

$$= A\left\{(x)_1 \mp \frac{1}{(x)_1}\right\}\sqrt{(1 \pm 2B) + B\left\{(x)_1 \mp \frac{1}{(x)_1}\right\}^2},$$

et en posant

$$(x)_1 = e^{\sqrt{-1}\,\omega},$$

nous aurons

$$\frac{\mathrm{d}\cos\omega}{\mathrm{d}x} = \sqrt{-1}\, A\sin\omega \sqrt{(1+2B) - 4B\sin^2\omega},$$

$$\sqrt{-1}\,\frac{\mathrm{d}\sin\omega}{\mathrm{d}x} = A\cos\omega \sqrt{(1-2B) + 4B\cos^2\omega},$$

de même

$$(1_2) \qquad \frac{\mathrm{d}u}{\mathrm{d}x} = \pm A\sqrt{1-6B}\sqrt{\frac{2B-1}{1-6B} + u^2 + \frac{4B}{1-6B}u^4},$$

$$(2_2) \qquad \frac{\mathrm{d}v}{\mathrm{d}x} = \pm \frac{A\sqrt{1+6B}}{\sqrt{-1}}\sqrt{-\frac{2B+1}{1+6B} + v^2 - \frac{4B}{1+6B}v^4},$$

q. e. d.

XII. Les zéros et les infinis des quatre fonctions.

37. Au n° 14 nous avons vu déjà:

$$
\begin{array}{ll}
(\Theta)_1 = 0 & (\Theta) = \sin\alpha \\
(\Theta+\Theta')_1 = \sqrt{-1}\tan\alpha & (\Theta+\Theta')_2 = 0 \\
(\Theta+2\Theta')_1 = 0 & (\Theta+2\Theta')_2 = -\sin\alpha \\
(\Theta+3\Theta')_1 = -\sqrt{-1}\tan\alpha & (\Theta+3\Theta')_2 = 0 \\
(\Theta+4\Theta')_1 = 0 & (\Theta+4\Theta')_2 = \sin\alpha
\end{array}
$$

$$(\Theta)_3 = \cos\alpha \qquad (\Theta)_0 = 1$$

$$(\Theta+\Theta')_3 = \frac{\sqrt{\cos 2\alpha}}{\cos\alpha} \qquad (\Theta+\Theta')_0 = \sec^2\alpha$$

$$(\Theta+2\Theta')_3 = \cos\alpha \qquad (\Theta+2\Theta')_0 = 1$$

En comparant les formules pour les fonctions des arguments $x+\Theta'$ et $x+2\Theta'$ avec celles pour les fonctions des arguments $x-\Theta'$ et $x-2\Theta'$ (n° 12) on trouvera

$$(\Theta)_1 = 0 \qquad (\Theta)_2 = \sin\alpha$$

$$(\Theta-\Theta')_1 = -\sqrt{-1}\,\mathrm{tang}\,\alpha \qquad (\Theta-\Theta')_2 = 0$$

$$(\Theta-2\Theta')_1 = 0 \qquad (\Theta-2\Theta')_2 = -\sin\alpha$$

$$(\Theta-3\Theta')_1 = \sqrt{-1}\,\mathrm{tang}\,\alpha \qquad (\Theta-3\Theta')_2 = 0$$

$$(\Theta-4\Theta')_1 = 0 \qquad (\Theta-4\Theta')_2 = \sin\alpha$$

$$(\Theta)_3 = \cos\alpha \qquad (\Theta)_0 = 1$$

$$(\Theta-\Theta')_3 = \frac{\sqrt{\cos 2\alpha}}{\cos\alpha} \qquad (\Theta-\Theta')_0 = \sec^2\alpha$$

$$(\Theta-2\Theta')_3 = \cos\alpha \qquad (\Theta-2\Theta')_0 = 1$$

et, en ayant égard aux fonctions de l'argument $x\pm\Theta'$ on reconnaîtra que, z étant une quantité imaginaire sans partie réelle, la fonction $(\Theta+z)_1$ est imaginaire sans partie réelle et les fonctions $(\Theta+z)_2$, $(\Theta+z)_3$, $(\Theta+z)_0$, sont réelles.

7*

38. 1'. Supposons

$$y=\Theta+z\,,\ x = \text{une quantité réelle,}$$

et écrivons

$$(y)_1\ [(x)_1\ (y)_2\ (y)_3\ \{(x)_2\ (x)_3 + (x)_1\}] = P,$$
$$(x)_1\ (y)_1{}^2\ \{(x)_2\ (x)_3 + (x)_1\} - (x)_0\ (y)_0 \sin^2\alpha \cos^2\alpha = Q,$$
$$(y)_1\ [(x)_2\ (x)_3 + (x)_1 - (x)_0\ (y)_0\ (x)_1 \sin^2\alpha \cos^2\alpha] = R,$$
$$(y)_2\ (y)_3\ \{(x)_2\ (x)_3 + (x)_1\} = S,$$

nous aurons [3, (4)]

$$(x+y)_1 = \frac{P+Q}{R+S}$$

où les fonctions Q et S sont réelles, P et R sont imaginaires sans partie réelle. Ainsi l'exigence de l'équation $(x+y)_1 = 0$ est

$$P=0,\ Q=0,\ R+S \gtrless 0,$$

à laquelle répond

$$(y)_1=0,\ (x)_0=0,\ (x)_2\ (x)_3 + (x)_1 \gtrless 0,$$

par conséquent, n et m étant des nombres entiers positifs ou négatifs,

$$y=\Theta+2n\Theta',\quad x=4m\Theta;$$

(1) $$((4m+1)\Theta+2n\Theta')_1 = 0.$$

2′. Si

$$(y)_1\ [(x)_2\ (y)_2\ \{(x)_2\ (x)_3 + (x)_1\}] = P',$$
$$(x)_2\ (y)_2{}^2\ (y)_3\ \{(x)_2\ (x)_3 + (x)_1\} + (x)_0\ (y)_0\ (x)_3\ (y)_3 \sin^2\alpha \cos^2\alpha = Q',$$

on a [article 3, (4)]

$$(x+y)_2 = \frac{P'+Q'}{R+S}$$

et pour $P'=0$, $Q'=0$, $R+S \gtreqless 0$ on a $(y)_2=0$, $(x)_0=0$, $(x)_2\,(x)_3 + (x)_1 \gtreqless 0$, d'où

$$y=\Theta+(2n+1)\,\Theta',\ x=4m\Theta;$$

(2) $$((4m+1)\,\Theta+(2n+1)\,\Theta')_2=0.$$

3'. En posant

$$(y)_1\,[(x)_2\,(y)_2\,\{(x)_2\,(x)_3 - (x)_1\}] = P''$$

$$(x)_2\,(y)_2^{\,2}\,(y)_3\,\{(x)_2\,(x)_3 - (x)_1\} + (x)_0\,(y)_0\,(x)_3\,(y)_3\,\sin^2\alpha\,\cos^2\alpha = Q''$$

$$(y)_1\,[(x)_1\,(y)_2\,(y)_3\,\{(x)_2\,(x)_3 - (x)_1\}] = R'$$

$$(x)_1\,(y)_1^{\,2}\,\{(x)_2\,(x)_3 - (x)_1\} + (x)_0\,(y)_0\,\sin^2\alpha\,\cos^2\alpha = S'$$

on aura [article 3, (3)]

$$(x+y)_3 = \frac{-P''+Q''}{-R'+S'}$$

d'où, $(x+y)_3=0$, si $(y)_2=0$, $(x)_0=0$, $(x)_2\,(x)_3 - (x)_1 \gtreqless 0$, et par conséquant

$$y=\Theta+(2n+1)\,\Theta',\ x=(4m-2)\,\Theta;$$

(3) $$((4m-1)\,\Theta+(2n+1)\,\Theta')_3=0.$$

4'. Comme

$$(2m\Theta)_0=0;\ (2n\Theta')_0=0,\ (u\pm2\Theta')_0=(u)_0,$$

nous avons évidemment

(4) $$(2m\Theta+2n\Theta')_0=0.$$

Remarqueons: les valeurs infinies des fonctions $(x)_1$, $(x)_2$, $(x)_3$, $\sqrt{(x)_0}$ sont des infinis de même ordre et par conséquent les hypothèses $R=\infty$, $S=\infty$,... sont excluses.

39. L'hypothèse

$$R'=0,\ S'=0,\ -P''+Q''\gtreqless 0,$$

nous fournit

$$(y)_1=0,\ (x)_0=0,\ (x)_2\,(x)_3-(x)_1\gtreqless 0;$$
$$y=\Theta+2n\Theta',\ x=(4m-2)\,\Theta,$$

par conséquent

$$(5)\qquad \begin{cases} ((4m-1)\,\Theta+2n\Theta')_1=\infty, \\ ((4m-1)\,\Theta+2n\Theta')_2=\infty, \\ ((4m-1)\,\Theta+2n\Theta')_3=\infty, \\ ((4m-1)\,\Theta+2n\Theta')_0=\infty. \end{cases}$$

40. Comme

$$\frac{d\,(x)_1}{dx}=-\frac{1}{2}\,(x)_2\,(x)_3\,,\quad \frac{d\,\frac{1}{(x)_1}}{dx}=\frac{1}{2}\,\frac{(x)_2\,(x)_3}{(x)_1{}^2}\,,$$

$$\frac{d\,(x)_2}{dx}=-\frac{\cos^2\alpha}{2}\,(x)_1\,(x)_3\,,\quad \frac{d\,\frac{1}{(x)_2}}{dx}=\frac{\cos^2 a}{2}\,\frac{(x)_1\,(x)_3}{(x)_2{}^2}\,,$$

$$\frac{d\,(x)_3}{dx} = -\frac{\sin^2\alpha}{2}\,(x)_1\,(x)_2\,,\quad \frac{d\,\frac{1}{(x)_3}}{dx} = \frac{\sin^2\alpha}{2}\,\frac{(x)_1\,(x)_2}{(x)_3^{\,2}}\,,$$

$$\frac{d\,(x)_0}{dx} = (x)_1\,(x)_2\,(x)_3\,,$$

les racines des équations

$$(x)_1 = 0\,,\quad \frac{1}{(x)_1} = 0\,,$$

$$(x)_2 = 0\,,\quad \frac{1}{(x)_2} = 0\,,$$

$$(x)_3 = 0\,,\quad \frac{1}{(x)_3} = 0\,,$$

$$(x)_0 = 0\,,$$

sont des racines simples. Quant à l'équation

$$\frac{1}{(x)_0} = 0\,,$$

toutes ses racines sont des racines doubles. On a

$$\frac{d\,\frac{1}{(x)_0}}{dx} = \frac{(x)_1\,(x)_2\,(x)_3}{(x)_0^{\,2}} = \sqrt{\frac{1}{(x)_0} - 1}\,\sqrt{\frac{1}{(x)_0} - \cos^2\alpha}\,\sqrt{\frac{1}{(x)_0} - \sin^2\alpha}\,\sqrt{\frac{1}{(x)_0}}$$

par conséquent

$$\left[\frac{d\frac{1}{(x)_0}}{dx}\right]_{\frac{1}{(x)_0}=0}=0.$$

La deuxième dérivée est

$$\frac{d^2\frac{1}{(x)_0}}{dx^2}=-\frac{1}{2}\,\frac{(x)_2{}^2(x)_3{}^2+(x)_1{}^2(x)_3{}^2\cos^2\alpha+(x)_1{}^2(x)_2{}^2\sin^2\alpha}{(x)_0{}^2}-2\,\frac{(x)_1{}^2(x)_2{}^2(x)_3{}^2}{(x)_0{}^3}$$

d'où

$$\left[\frac{d^2\frac{1}{(x)_0}}{dx^2}\right]_{\frac{1}{(x)_0}=0}=\frac{\sin^2\alpha\cos^2\alpha}{2}.$$

XIII. Développement des quatre fonctions en produits.

41. Considérons les fonctions (n° 12.)

$$\varphi_1(x)=\frac{(x)_1+(x)_2(x)_3}{(x)_0\sin\alpha\cos\alpha}=(x-\Theta)_1,$$

$$\varphi_2(x) = \frac{(x)_2 + (x)_1 (x)_3}{(x)_0 \sin\alpha} = (x - \Theta)_2,$$

$$\varphi_3(x) = \frac{(x)_3 + (x)_1 (x)_2}{(x)_0 \cos\alpha} = (x - \Theta)_3,$$

$$\varphi_0(x) = \frac{2(x)_1}{(x)_1 - (x)_2 (x)_3} = (x - \Theta)_0.$$

1'. Comme

$$(-x)_1 = \frac{1}{(x)_1}, (-x)_2 = \frac{(x)_3}{(x)_1}, (-x)_3 = \frac{(x)_2}{(x)_1},$$

$$(-x)_0 = -\frac{(x)_0}{(x)_1^{\,2}},$$

nous avons

$$\varphi_1(-x) = -\frac{(x)_1 + (x)_2 (x)_3}{(x)_0 \sin\alpha \cos\alpha} = -\varphi_1(x),$$

$$\varphi_2(-x) = -\frac{(x)_2 + (x)_1 (x)_3}{(x)_0 \sin\alpha} = -\varphi_2(x),$$

$$\varphi_3(-x) = -\frac{(x)_3 + (x)_1 (x)_2}{(x)_0 \cos\alpha} = -\varphi_3(x),$$

$$\varphi_0(-x) = \frac{2(x)_1}{(x)_1 - (x)_2 (x)_3} = \varphi_0(x).$$

2'. Les zéros et les infinis des onctions φ_1, φ_2, φ_3, φ_0 sont

	0	∞
φ_1 :	$2(2m+1)\Theta+2n\Theta'$	$4m\Theta+2n\Theta'$
φ_2 :	$2(2m+1)\Theta+(2n+1)\Theta'$	»
φ_3 :	$4m\Theta+(2n+1)\Theta'$	»
φ_0 :	$(2m+1)\Theta+2n\Theta'$	»

3'. Les racines des fonctions φ sont des racines simples. Les pôles des fonctions φ_1, φ_2, φ_3, sont des pôles simples, les pôles de la fonctions φ_0 sont des pôles doubles.

4'. Les fonctions φ ont les dérivées

$$\varphi'_1(x) = -\frac{1}{2}\varphi_2(x)\varphi_3(x),$$

$$\varphi_2'(x) = -\frac{\cos^2\alpha}{2}\varphi_1(x)\varphi_3(x),$$

$$\varphi_3'(x) = -\frac{\sin^2\alpha}{2}\varphi_1(x)\varphi_2(x),$$

$$\varphi_0'(x) = \varphi_1(x)\varphi_2(x)\varphi_3(x).$$

5'. Remarqueons enfin

$$\varphi_1(\Theta) = 1,$$
$$\varphi_2(\Theta) = 1,$$
$$\varphi_3(\Theta) = 1,$$
$$\varphi_0(2\Theta) = 1.$$

42. En conséquence de l'article précédent nous avons (*)

$$\varphi_1(x) = \prod \frac{\dfrac{2(2m+1)\Theta+2n\Theta'-x}{(4m+1)\Theta+2n\Theta'}}{\dfrac{4m\Theta+2n\Theta'-x}{(4m-1)\Theta+2n\Theta'}},$$

$$\varphi_2(x) = \prod \frac{\dfrac{2(2m+1)\Theta+(2n+1)\Theta'-x}{(4m+1)\Theta+(2n+1)\Theta'}}{\dfrac{4m\Theta+2n\Theta'-x}{(4m-1)2n\Theta'}},$$

$$\varphi_3(x) = \prod \frac{\dfrac{4m\Theta+(2n+1)\Theta'-x}{(4m-1)\Theta+(2n+1)\Theta'}}{\dfrac{4m\Theta+2n\Theta'-x}{(4m-1)\Theta+2n\Theta'}},$$

$$\varphi_0(x) = \prod \frac{\dfrac{(2m+1)\Theta+2n\Theta'-x}{(2m-1)\Theta+2n\Theta'}}{\left(\dfrac{4m\Theta+2n\Theta'-x}{2(2m-1)\Theta+2n\Theta'}\right)^2},$$

(*) M. M. Briot et Bouquet, »Théorie des fonctions elliptiques,« deuxième édition nº 197 et 198.

et, comme

$$\varphi_1\ (x+\Theta) = (x)_1\,,$$
$$\varphi_2\ (x+\Theta) = (x)_2\,,$$
$$\varphi_3\ (x+\Theta) = (x)_3\,,$$
$$\varphi_0\ (x+\Theta) = (x)_0\ ;$$

nous aurons

(1) $$(x)_1 = \prod \frac{1 - \dfrac{x}{(4m+1)\,\Theta + 2n\Theta'}}{1 - \dfrac{x}{(4m-1)\,\Theta + 2n\Theta'}},$$

(2) $$(x)_2 = \prod \frac{1 - \dfrac{x}{(4m+1)\,\Theta + (2n+1)\Theta'}}{1 - \dfrac{x}{(4m-1)\,\Theta + 2n\Theta'}},$$

(3) $$(x)_3 = \prod \frac{1 - \dfrac{x}{(4m-1)\,\Theta + (2n+1)\Theta'}}{1 - \dfrac{x}{(4m-1)\,\Theta + 2n\Theta'}},$$

$$(4)\qquad (x)_0 = \prod \frac{1+\dfrac{\Theta-x}{(2m-1)\,\Theta+2n\Theta'}}{\left(1+\dfrac{\Theta-x}{2\,(2m-1)\,\Theta+2n\Theta'}\right)^2}.$$

43. On a identiquement

$$\prod_{m=-\infty}^{m=\infty}\left(1-\frac{z}{(ma+b)\Theta+c}\right) = \prod_{m=-\infty}^{m=\infty}\frac{1+\dfrac{b\Theta+c-z}{ma\Theta}}{1+\dfrac{b\Theta+c}{ma\Theta}} = \frac{\sin\dfrac{b\Theta+c-z}{a\Theta}\pi}{\sin\dfrac{b\Theta+c}{a\Theta}\pi},$$

par conséquent

$$Z_{m,n} = \prod_{n=-\infty}^{n=\infty}\prod_{m=-\infty}^{m=\infty}\left(1-\frac{z}{(ma+b)\Theta+(na_1+b_1)\Theta'}\right) = \prod_{n=-\infty}^{n=\infty}\frac{\sin\dfrac{b\Theta+(na_1+b_1)\Theta'-z}{a\Theta}\pi}{\sin\dfrac{b\Theta+(na_1+b_1)\Theta'}{a\Theta}\pi},$$

et, comme $\sin(u+v)\sin(u-v) = \sin^2 u - \sin^2 v$;

$$(5)\qquad Z_{m,n} = \frac{\sin\dfrac{b\Theta+b_1\Theta'-z}{a\Theta}\pi}{\sin\dfrac{b\Theta+b_1\Theta'}{a\Theta}\pi}\prod_{n=1}^{n=\infty}\frac{\sin^2\dfrac{\pi a_1\Theta'}{a\Theta}\pi-\sin^2\dfrac{b\Theta+b_1\Theta'-z}{a\Theta}\pi}{\sin^2\dfrac{\pi a_1\Theta'}{a\Theta}\pi-\sin^2\dfrac{b\Theta+b_1\Theta'}{a\Theta}\pi},$$

ou

$$(6) \qquad Z_{m,n} = \prod_{n=1}^{n=\infty} \frac{\sin^2 \frac{(2n-1)a_1\Theta'}{2a\Theta}\pi - \sin^2 \frac{b\Theta + (b_1 \pm \frac{1}{2}a_1)\Theta' - z}{a\Theta}\pi}{\sin^2 \frac{(2n-1)a_1\Theta'}{2a\Theta}\pi - \sin^2 \frac{b\Theta + (b_1 \pm \frac{1}{2}a_1)\Theta'}{a\Theta}\pi}.$$

En confondant a et a_1, b et b_1, Θ et Θ', on obtient $Z_{n,m}$.

44. Servons nous des substitutions

(1)′ $a=4,\ b=1,\quad a_1=2,\ b_1=0,\ z=x,$

(2)′ $a=4,\ b=1,\quad a_1=2,\ b_1=1,\ z=x,$

(3)′ $a=4,\ b=-1,\ a_1=2,\ b_1=1,\ z=x,$

(1, 2, 3)′ $a=4,\ b=-1,\ a_1=2,\ b_1=0,\ z=x,$

(4)′ $\begin{cases} a=2,\ b=-1,\ a_1=2,\ b_1=0,\ z=x-\Theta, \\ a=4,\ b=-2,\ a_1=2,\ b_1=0,\ z=x-\Theta, \end{cases}$

par ces substitutions les expressions

$$\frac{b\Theta + b_1\Theta' - z}{a\Theta}, \quad \frac{a_1\Theta'}{a\Theta}, \quad \frac{b\Theta + (b_1 - \frac{a_1}{2})\Theta' - z}{a\Theta}$$

deviennent

(1)″ $\dfrac{\Theta - x}{4\Theta}, \quad \dfrac{\Theta'}{2\Theta},$

(2)'' $$\frac{\Theta'}{2\Theta}, \qquad \frac{\Theta-x}{4\Theta},$$

(3)'' $$\frac{\Theta'}{2\Theta}, \qquad -\frac{\Theta+x}{4\Theta},$$

(1, 2, 3)'' $$-\frac{\Theta+x}{4\Theta}, \qquad \frac{\Theta'}{2\Theta},$$

(4)'' $$\begin{cases} -\dfrac{x}{2\Theta}, & \dfrac{\Theta'}{\Theta}, \\ -\dfrac{\Theta+x}{4\Theta}, & \dfrac{\Theta'}{2\Theta}. \end{cases}$$

Ainsi, après quelques abréviations nous aurons

(7) $$(x)_1 = \frac{\cos\dfrac{x\pi}{4\Theta} - \sin\dfrac{x\pi}{4\Theta}}{\cos\dfrac{x\pi}{4\Theta} + \sin\dfrac{x\pi}{4\Theta}} \prod_{k=1}^{k=\infty} \frac{\cos k\dfrac{\Theta'\pi}{\Theta} - \sin\dfrac{x\pi}{2\Theta}}{\cos k\dfrac{\Theta'\pi}{\Theta} + \sin\dfrac{x\pi}{2\Theta}},$$

$$(8) \qquad (x)_2 = \frac{1}{\cos\frac{x\pi}{4\Theta} + \sin\frac{x\pi}{4\Theta}} \prod_{k=1}^{k=\infty} \frac{1 - \dfrac{\sin\frac{x\pi}{2\Theta}}{\cos(2k-1)\frac{\Theta'\pi}{2\Theta}}}{1 + \dfrac{\sin\frac{x\pi}{2\Theta}}{\cos k\frac{\Theta'\pi}{\Theta}}},$$

$$(9) \qquad (x)_3 = \frac{1}{\cos\frac{x\pi}{4\Theta} + \sin\frac{x\pi}{4\Theta}} \prod_{k=1}^{k=\infty} \frac{1 + \dfrac{\sin\frac{x\pi}{2\Theta}}{\cos(2k-1)\frac{\Theta'\pi}{2\Theta}}}{1 + \dfrac{\sin\frac{x\pi}{2\Theta}}{\cos k\frac{\Theta'\pi}{\Theta}}},$$

$$(10) \qquad (x)_0 = \frac{2\sin\frac{x\pi}{2\Theta}}{\left(\cos\frac{x\pi}{4\Theta} + \sin\frac{x\pi}{4\Theta}\right)^2} \prod_{k=1}^{k=\infty} \frac{\cos^2 k\frac{\Theta'\pi}{\Theta} - \cos^2\frac{x\pi}{2\Theta}}{\frac{1}{4}\left(1 - \operatorname{tang}^2 k\frac{\Theta'\pi}{2\Theta}\right)^2\left(\cos k\frac{\Theta'\pi}{2\Theta} + \sin\frac{x\pi}{2\Theta}\right)^2}.$$

45. Posons

$$(11) \qquad e^{-\sqrt{-1}\,\frac{\Theta'\pi}{2\Theta}} = e^{-\frac{\pi}{2\Theta}\bmod \Theta'} = a,$$

nous obtenons

$$(12)\qquad \left(\frac{2\Theta}{\pi}x\right)_1 = \frac{\cos\frac{x}{2} - \sin\frac{x}{2}}{\cos\frac{x}{2} + \sin\frac{x}{2}} \prod_{k=1}^{k=\infty} \frac{1-2a^{2k}\sin x + a^{4k}}{1+2a^{2k}\sin x + a^{4k}},$$

$$(13)\qquad \left(\frac{2\Theta}{\pi}x\right)_2 = \frac{1}{\cos\frac{x}{2} + \sin\frac{x}{2}} \prod_{k=1}^{k=\infty} \frac{1+a^{4k}}{1+a^{2(2k-1)}}\, \frac{1-2a^{2k-1}\sin x + a^{2(2k-1)}}{1+2a^{2k}\sin x + a^{4k}},$$

$$(14)\qquad \left(\frac{2\Theta}{\pi}x\right)_3 = \frac{1}{\cos\frac{x}{2} + \sin\frac{x}{2}} \prod_{k=1}^{k=\infty} \frac{1+a^{4k}}{1+a^{2(2k-1)}}\, \frac{1+2a^{2k-1}\sin x + a^{2(2k-1)}}{1+2a^{2k}\sin x + a^{4k}},$$

$$(15)\qquad \left(\frac{2\Theta}{\pi}x\right)_0 = \frac{2\sin x}{1+\sin x} \prod_{k=1}^{k=\infty} \frac{(1+a^{2k})^4}{(1+a^{4k})^2}\, \frac{1-2a^{4k}\cos 2x + a^{8k}}{(1+2a^{2k}\sin x + a^{4k})^2}.$$

1′. On a identiquement

$$(1)'\qquad \begin{cases} 1+2a^{2k-1}\sin x + a^{2(2k-1)} = \left(a^{2k-1} - \sqrt{-1}\, e^{\sqrt{-1}x}\right)\left(a^{2k-1} + \sqrt{-1}\, e^{-\sqrt{-1}x}\right), \\ 1+2a^{2k}\sin x - a^{4k} = \left(a^{2k} - \sqrt{-1}\, e^{\sqrt{-1}x}\right)\left(a^{2k} + \sqrt{-1}\, e^{-\sqrt{-1}x}\right), \\ \cos\frac{x}{2} + \sin\frac{x}{2} = \dfrac{\left(1-\sqrt{-1}\right)\left(\sqrt{-1} + e^{\sqrt{-1}x}\right)}{2\, e^{\sqrt{-1}\frac{x}{2}}}, \end{cases}$$

$$
(2)' \quad \left\{
\begin{aligned}
&1+2a^{2k-1}\sin\left(x+\frac{\Theta'\pi}{2\Theta}\right)+a^{2(2k-1)}=\left(a^{2k}-\sqrt{-1}\,e^{\sqrt{-1}x}\right)\left(a^{2k-2}+\sqrt{-1}\,e^{-\sqrt{-1}x}\right),\\
&1+2a^{2k}\sin\left(x+\frac{\Theta'\pi}{2\Theta}\right)+a^{4k}=\left(a^{2k+1}-\sqrt{-1}\,e^{\sqrt{-1}x}\right)\left(a^{2k-1}+\sqrt{-1}\,e^{-\sqrt{-1}x}\right),\\
&\cos\left(\frac{x}{2}+\frac{\Theta'\pi}{4\Theta}\right)+\sin\left(\frac{x}{2}+\frac{\Theta'\pi}{4\Theta}\right)=\frac{(1-\sqrt{-1})\left(\sqrt{-1}\,a+e^{\sqrt{-1}x}\right)}{2\sqrt{a}\;e^{\sqrt{-1}\frac{x}{2}}},
\end{aligned}
\right.
$$

moyennant quoi l'on trouvera

$$\left(\frac{2\Theta}{\pi}x\right)_3\left(\frac{2\Theta}{\pi}x+\Theta'\right)_3=2\sqrt{a}\prod_{k=1}^{k=\infty}\left(\frac{1+a^{4k}}{1+a^{2(2k-1)}}\right)^2.$$

Or

$$\left(\frac{2\Theta}{\pi}x+\Theta'\right)_3=\frac{\sqrt{\cos 2\alpha}}{\left(\frac{2\Theta}{\pi}x\right)_3},$$

par conséquent

$$(16) \qquad \prod_{k=1}^{k=\infty}\frac{1+a^{4k}}{1+a^{2(2k-1)}}=\sqrt[4]{\frac{\cos 2\alpha}{4a}}.$$

2′. On a évidemment

$$\left\{\frac{\left(\frac{2\Theta}{\pi}x\right)_1}{\cos\frac{x}{2}-\sin\frac{x}{2}}\right\}_{x=\frac{\pi}{2}} = \frac{1}{\sqrt{2}}\prod_{k=1}^{k=\infty}\left(\frac{1-a^{2k}}{1+a^{2k}}\right)^2.$$

Or

$$\left\{\frac{\left(\frac{2\Theta}{\pi}x\right)_1}{\cos\frac{x}{2}-\sin\frac{x}{2}}\right\}_{x=\frac{\pi}{2}} = \left\{\frac{\frac{\mathrm{d}\left(\frac{2\Theta}{\pi}x\right)_1}{\mathrm{d}x}}{\frac{\mathrm{d}\left(\cos\frac{x}{2}-\sin\frac{x}{2}\right)}{\mathrm{d}x}}\right\}_{x=\frac{\pi}{2}} = \frac{2\Theta}{\sqrt{2}\pi}(\Theta)_2(\Theta)_3 = \frac{\Theta}{\sqrt{2}\pi}\sin 2\alpha,$$

conséquemment

(1)′′ $$\prod_{k=1}^{k=\infty}\left(\frac{1-a^{2k}}{1+a^{2k}}\right)^2 = \frac{\Theta}{\pi}\sin 2\alpha.$$

En outre on trouvera (15)

(2)′′ $$\prod_{k=1}^{k=\infty}\left(\frac{1-a^{4k}}{1+a^{4k}}\right)^2\frac{(1+a^{2k})^4}{(1+a^{4k})^2} = \frac{\Theta}{\pi}.$$

Comme

$$\left(\frac{1-a^{2k}}{1+a^{2k}}\right)^2 = \frac{(1-a^{4k})^4}{(1+a^{2k})^4}$$

en multipliant membre à membre les équations (1)'' et (2)'', nous aurons

$$(3)'' \qquad \prod_{k=1}^{k=\infty}\left(\frac{1-a^{4k}}{1+a^{4k}}\right)^4 = \frac{\Theta^2}{\pi^2}\sin 2\alpha.$$

Ainsi, l'expression (2)'' nous fournit

$$(17) \qquad \prod_{k=1}^{k=\infty}\frac{(1+a^{2k})^4}{(1+a^{4k})^2} = \sqrt{\operatorname{cosec} 2\alpha},$$

c'est à dire le coefficient dans la formule (15).

Remarqueons (16), (17),

$$(18) \qquad \operatorname{tang} 2\alpha = \frac{1}{4a}\prod_{k=1}^{k=\infty}\frac{(1+a^{2(2k-1)})^4}{(1+a^{2k})^8}.$$

46. Considérons les fonctions

$$(19) \qquad \Phi\left(\frac{4\Theta}{\pi}x\right) = A(\cos x+\sin x)\prod_{k=1}^{k=\infty}(1+2a^{2k}\sin 2x+a^{4k}),$$

$$(20) \qquad \left(\frac{4\Theta}{\pi}x\right) = B\prod_{k=1}^{k=\infty}(1+2a^{2k-1}\sin 2x+a^{2(2k-1)}).$$

1'. On a évidemment

$$(21)\qquad \begin{cases} \Phi(z+8\Theta)=\Phi(z) \\ \Psi(z+4\Theta)=\Psi(z). \end{cases}$$

2'. En vertu des relations (1)' et (2)' nous avons

$$\Phi\left(\frac{4\Theta}{\pi}x\right)=A\frac{(1-\sqrt{-1})\,(\sqrt{-1}+e^{\sqrt{-1}2x})}{2\,e^{\sqrt{-1}x}}\prod_{k=1}^{k=\infty}(a^{2k}-\sqrt{-1}\,e^{\sqrt{-1}2x})\,(a^{2k}+\sqrt{-1}\,e^{-\sqrt{-1}\,2x}),$$

$$\Phi\left(\frac{4\Theta}{\pi}x+\Theta'\right)=A\frac{(1-\sqrt{-1})\,(\sqrt{-1}\,a+e^{\sqrt{-1}2x})}{2\sqrt{a}\,e^{\sqrt{-1}x}}\prod_{k=1}^{k=\infty}(a^{2k+1}-\sqrt{-1}e^{\sqrt{-1}2x})\,(a^{2k-1}+\sqrt{-1}e^{-\sqrt{-1}2x})$$

$$\Psi\left(\frac{4\Theta}{\pi}x\right)=B\prod_{k=1}^{k=\infty}(a^{2k-1}-\sqrt{-1}\,e^{\sqrt{-1}2x})\,(a^{2k-1}+\sqrt{-1}\,e^{-\sqrt{-1}2x}),$$

$$\Psi\left(\frac{4\Theta}{\pi}x+\Theta'\right)=B\prod_{k=1}^{k=\infty}(a^{2k}-\sqrt{-1}\,e^{\sqrt{-1}2x})\,(a^{2k-2}+\sqrt{-1}\,e^{-\sqrt{-1}2x}),$$

par conséquent

$$(22)\qquad \begin{cases} \Phi(z+\Theta')=\dfrac{1+\sqrt{-1}}{2\sqrt{a}}\,e^{-\sqrt{-1}\frac{\pi z}{2\Theta}}\,\Psi(z), \\ \Psi(z+\Theta')=(1+\sqrt{-1})\,e^{-\sqrt{-1}\frac{\pi z}{2\Theta}}\,\Phi(z); \end{cases}$$

47. Ainsi qu'il est connu

$$z_1=\sin z\prod_{k=1}^{k=\infty}(1-q^{2k})(1-2q^{2k}\cos 2z+q^{4k})=\sum_{k=1}^{k=\infty}(-1)^{k-1}\,q^{k(k-1)}\sin(2k-1)\,z,$$

$$z_2 = \prod_{k=1}^{k=\infty} (1-q^{2k})(1-2q^{2k-1}\cos 2z + q^{2(2k-1)}) = 1+2\sum_{k=1}^{k=\infty} (-1)^k q^{kk} \cos 2kz.$$

Posons donc

$$q=a, \qquad z=x+\frac{\pi}{4},$$

nous obtenons

$$(1)\left\{\begin{array}{l} (\cos x + \sin x) \prod_{k=1}^{k=\infty} (1-a^{2k})(1+2a^{2k}\sin 2x + a^{4k}) = \\ \sum_{k=1}^{k=\infty} (-1)^{k-1} \{a^{(2k-1)(2k-2)}[\cos(4k-3)x+\sin(4k-3)x] + a^{2k(2k-1)}[\cos(4k-1)x - \sin(4k-1)x]\}, \end{array}\right.$$

$$(2) \prod_{k=1}^{k=\infty} (1-a^{2k})(1+2a^{2k-1}\sin 2x + a^{2(2k-1)}) = 1+2\sum_{k=1}^{k=\infty} (-1)^{k-1}\{a^{(2k-1)(2k-1)}\sin 2(2k-1)x - a^{4kk}\cos 4kx\},$$

et, en écrivant

$$(3) \qquad \frac{1}{2} A = B = \prod_{k=1}^{k=\infty} (1-a^{2k})$$

nous aurons,

$$(4) \left\{\begin{array}{l} \frac{1}{2} \Phi\left(\frac{4\Theta}{\pi} x\right) = a^{0.1}(\cos x + \sin x) - a^{2.3}(\cos 5x + \sin 5x) + a^{4.5}(\cos 9x + \sin 9x) - \dots \\ \qquad + a^{1.2}(\cos 3x - \sin 3x) - a^{3.4}(\cos 7x - \sin 7x) + a^{5.6}(\cos 11x - \sin 11x) - \dots \end{array}\right.$$

$$(5) \quad \left\{ \begin{array}{l} \frac{1}{2}\,\Phi\left(\frac{4\Theta}{\pi}x\right) = \frac{1}{2} - a^{1.1}\sin 2x + a^{3.3}\sin 6x - a^{5.5}\sin 10x + \ldots \\ \qquad\qquad - a^{2.2}\cos 4x + a^{4.4}\cos 8x - a^{6.6}\cos 12x + \ldots \end{array} \right.$$

48. D'après les formules (3) et (4) du n° 24 on a

$$\frac{\operatorname{mod}\Theta'}{2\Theta} = \frac{\omega}{\operatorname{mod}\omega'},$$

d'où

$$a = e^{-\frac{\pi}{2\Theta}\operatorname{mod}\Theta'} = e^{-\frac{\omega\pi}{\operatorname{mod}\omega'}},$$

et par conséquent (n° 47)

$$z_1 = -\frac{1}{2\sqrt[4]{a}}\,\vartheta_1\left(\frac{2\omega'}{\pi}z\right),$$

$$z_2 = \vartheta_2\left(\frac{2\omega'}{\pi}\right).$$

Ainsi nous avons

$$(6) \quad \left\{ \begin{array}{l} \Phi\left(\frac{4\Theta}{\pi}x\right) = -\sqrt[4]{\frac{4}{a}}\,\vartheta_1\left(\frac{2\omega'}{\pi}x + \frac{\omega'}{2}\right), \\ \Psi\left(\frac{4\Theta}{\pi}x\right) = \vartheta_2\left(\frac{2\omega'}{\pi}x + \frac{\omega'}{2}\right). \end{array} \right.$$

Remarque. On a

$$\cot \operatorname{am} z = \frac{\vartheta_2(z)}{\vartheta_1(z)} \frac{\vartheta_1{}'(0)}{\vartheta_2{}'(0)} = - \frac{\vartheta_2(z)}{\vartheta_1(z)} \frac{\pi}{\omega'} \sqrt[4]{a} \prod_{k=1}^{k=\infty} \left(\frac{1-a^{2k}}{1-a^{2k-1}} \right)^2$$

alors

$$\cot \operatorname{am} \left(\frac{2\omega' x}{\pi} + \frac{\omega'}{2} \right) = - \frac{\vartheta_2\left(\frac{2\omega' x}{\pi} + \frac{\omega'}{2} \right)}{\vartheta_1\left(\frac{2\omega' x}{\pi} + \frac{\omega'}{2} \right)} \frac{\pi}{\omega'} \sqrt[4]{a} \prod_{k=1}^{k=\infty} \left(\frac{1-a^{2k}}{1-a^{2k-1}} \right)^2$$

Or

$$\frac{\vartheta_2\left(\frac{2\omega' x}{\pi} + \frac{\omega'}{2} \right)}{\vartheta_1\left(\frac{2\omega' x}{\pi} + \frac{\omega'}{2} \right)} = - \frac{\Psi\left(\frac{4\Theta}{\pi} x \right)}{\Phi\left(\frac{4\Theta}{\pi} x \right)} \sqrt[4]{\frac{4}{a}},$$

$$\frac{\Psi\left(\frac{4\Theta}{\pi} x \right)}{\Phi_1\left(\frac{4\Theta}{\pi} x \right)} = \frac{1}{2} \left(\frac{4\Theta}{\pi} x \right)_3 \prod_{k=1}^{k=\infty} \frac{1+a^{2(2k-1)}}{1+a^{4k}},$$

$$(\Theta)_2 = \frac{1}{\sqrt{2}} \prod_{k=1}^{k=\infty} \frac{1+a^{4k}}{1+a^{2(2k-1)}} \left(\frac{1-a^{2k-1}}{1+a^{2k}} \right)^2,$$

$$\frac{\Theta}{\pi} \sin 2\alpha = \prod_{k=1}^{k=\infty} \left(\frac{1-a^{2k}}{1+a^{2k}} \right)^2,$$

$$\frac{\Theta}{\omega'} = \sqrt{-1}\,\sec^2\alpha, \quad (\Theta)_2 = \sin\alpha,$$

par conséquent

$$\cot \operatorname{am}\left(\frac{2\omega' x}{\pi} + \frac{\omega'}{2}\right) = \sqrt{-1}\left(\frac{4\Theta}{\pi}x\right)_3 \sec\alpha$$

et

$$\cot \operatorname{am}\left(\sqrt{-1}\,\frac{\cos^2\alpha}{2}\,y\right) = -\sqrt{-1}\,(y-\Theta)_3 \sec\alpha.$$

On a en effet [25, (3), (4)]

$$\cot \operatorname{am}\left(\sqrt{-1}\,\frac{\cos^2\alpha}{2}\,y\right) = -\sqrt{-1}\,\frac{(y)_3 + (y)_1\,(y)_2}{(y)_0 \cos\alpha}\sec\alpha.$$

ERRATA.

Page 24, ligne 4, au lieu de $\Theta + \Theta$, lisez $\Theta + \Theta'$.

Page 31, ligne 1, au lieu de z', lisez $\pm z' = \mp \sqrt{-1} \mod z'$.

Page 38, au lieu de f o u r n i e n t, lisez f o u r n i t.

Page 46, au lieu de u, lisez β, u.

Page 96, au lieu de $-\frac{1}{2\sqrt{\ldots}} = A$, lisez $-\frac{1}{2}\sqrt{\ldots} = A$.

Page 119, au lieu de $z_2 = \vartheta_2\left(\frac{2\omega'}{\pi}\right)$, lisez $z_2 = \vartheta_2\left(\frac{2\omega'}{\pi} z\right)$.

www.ingramcontent.com/pod-product-compliance
Ingram Content Group UK Ltd.
Pitfield, Milton Keynes, MK11 3LW, UK
UKHW012045240726
13965UKWH00003B/1054

9 782013 545457